Einführung

in das

Rechnen nach der neuen Reichswährung.

Ein Handbüchlein

zum Selbstunterrichte, sowie zum Gebrauche in Schulen und bei
öffentlichen Vorträgen

von

Joseph Fernberg und August Salberg,

Oberlehrern in München.

München.

Druck und Verlag von R. Oldenbourg.

1875.

Der Inhalt des anliegenden Büchleins ist theils aus den Vorbereitungen zu Vorträgen über das deutsche Münzwesen, theils aus der Schulpraxis hervorgegangen und bietet hinreichenden Stoff zur eigenen Belehrung, sowie zum Unterrichte Anderer. Volksschullehrern, die sich der ebenso naheliegenden als äußerst anerkennenswerthen Aufgabe unterziehen wollen, auch die Erwachsenen in die Kenntniß der neuen Reichswährung einzuführen, dürfte das Büchlein besonders willkommen sein.

Bei der Bearbeitung des theoretischen Theiles wurden: W. Roscher „Die Grundlagen der Nationalökonomie", H. Grote „Die Geldlehre" und A. Soetbeer „Deutsche Münzverfassung" zu Rathe gezogen. Von den Rechnungsaufgaben sind einige aus den Rechenbüchern von Haesters und Röhm und von Heuner entnommen. Als Ansatzform wurde der Zweisatz gewählt, weil derselbe schon ein paar Jahrzehnte in den Volksschulen gebräuchlich und für Jedermann leicht verständlich ist.

Zu vorliegendem Schriftchen ist auch ein besonderes Aufgabenbüchlein erschienen, welches sowohl alle Rechnungsarten des bürgerlichen Lebens als auch Umrechnungstabellen enthält und in den Mittel= und Oberklassen der Volksschulen sowie in Fortbildungsschulen gute Dienste leisten wird.

München im Februar 1875.

Die Verfasser.

Inhalt.

		Seite
I.	Was ist Geld? Entwicklung des Begriffes, kurze Geldlehre .	7
II.	Geschichte der älteren deutschen Münzsysteme, sowie der neuen deutschen Münzgesetze	19
III.	Inhalt der neuen Münzgesetze: A. Gesetz vom 4. Dezbr. 1871 .	25
	B. Gesetz vom 9. Juli 1873	32
IV.	Resolviren und Reduziren	46
V.	Das Nothwendigste über die Dezimalbrüche . . .	49
VI.	Die 4 Spezies mit den neuen Münzen	60
VII.	Die Schlußrechnungen	65
VIII.	Umrechnung der süddeutschen Währung in die neue Reichswährung	69
IX.	Anwendung der neuen Münzrechnung auf die metrischen Maße und Gewichte	85
X.	Anwendung derselben auf die Prozentrechnung . . .	92
XI.	Rechnungen zur Befestigung in der Kenntniß der Münzgesetze	107
Anhang.	Verhältniß der deutschen Reichsmünzen zu den wichtigsten außerdeutschen Münzen	109

I. Was ist Geld?

Entwicklung des Begriffs, kurze Geldlehre.

1. Bei dem Worte „Geld" denkt sich wohl Jedermann zunächst jene kleinen Metallstücke, von denen man stets einen hübschen Vorrath gern sein eigen nennt, und hinsichtlich deren das Einnehmen eine angenehmere Empfindung hervorruft als das Ausgeben. Dieses Verhältniß ist sicherlich so alt als der Begriff „Geld"; dagegen haben, wie Geschichte und Völkerkunde uns lehren, oft ganz andere und seltsamere Dinge an Stelle der Metallstücke als Geld gegolten, ja sind zum Theile noch in Geltung. In Vorder- und Hinterindien, dann in Hoch- und Südafrika wird unter dem Namen „Kauris" eine Muschelsorte, die cypraea moneta, als Geld benützt; 1280 Kauris gelten in Kalkutta circa ½ Schilling (17³⁄₄ kr.). Die Kaffern fassen je 300—400 Messingringe durch einen Gürtel zusammen und geben 2 Gürtel für eine Kuh. Am oberen Amazonenstrom kauft man um Wachskuchen, im portugiesischen Afrika um Elfenbein. In der Mongolei und in Daurien bedient man sich zu gleichem Zwecke viereckiger dicker Kuchen aus Thee mit etwas Blut vermischt, und der russische Kaufmann in Kiachta, dem großen russisch-chinesischen Handelsplatze, nimmt einen solchen Theeziegel zum Werthe von 1 Papierrubel.

In den Ländern der Hudsonsbay-Gesellschaft in Nordamerika gibt es Bibergeld; die dortigen Trapper oder Jäger geben 15 Biber (Felle) für eine Flinte, 3 Marder für 1 Biber, 1 weißen Fuchs um 2 Biber u. s. f. In Rußland gab es früher Pelzgeld und nebenbei eine Art Creditgeld, nämlich Thierschnauzen und gestempelte Lederstücke, welche in den Magazinen gegen ganze Felle eingelöst wurden. In den Staaten Maryland und Virginien war es im 18. Jahrhundert gebräuchlich, Anweisungen auf gewisse Gewichtstheile Tabak aus den Tabaksmagazinen des Staates als Zahlungsmittel zu benützen. Die alten Mexikaner verwendeten anstatt Geld Cacaobohnen, die Bewohner des innern Afrika's Salztafeln, die Neufunländer und die Isländer noch im 15. Jahrhundert Stockfische. Mit Datteln bezahlte man in den Dattelländern, mit Zucker in Westindien.

In Europa war in den frühesten Zeiten bei verschiedenen Völkern Vieh ein beliebtes Geldsurrogat. Bei den Griechen gab es Preisbestimmungen und Geldbußen nach Ochsen und Schafen; deutsche Urkunden des 7. und 8. Jahrhunderts nennen Pferde als Kaufpreis. Auch die alten Römer scheinen ähnliche Gebräuche gehabt zu haben; die vom Könige Servius geprägten Münzen mit den Bildern von Ochsen und Schafen, sowie das Wort pecunia = Geld von pecus = Vieh, deuten darauf hin. Die anwachsende Bevölkerung, welche die bisherigen Weideplätze als Ackerland benützte, mußte jedoch den Unterhalt des als Zahlung erhaltenen Viehes bald zu kostspielig finden, suchte nach einem tauglichen Ersatze für das Viehgeld und kam so zum Metallgelde. Für die Wahl der Metallsorte war zunächst die geognostische Beschaffenheit des Landes maßgebend; im kupferreichen Italien gab es anfangs Kupfergeld wie noch jetzt bei den Malaien Zinngeld. Goldgeld hatten die Griechen schon im 8. Jahrhundert vor Christus, die Spartaner dagegen aus sozialistischen Erwägungen eisernes Geld. Mit dem Steigen der Cultur erhielten allmählich die Edelmetalle Gold und Silber den Vorzug vor allen andern Geldarten; die Römer schlugen das erste Silbergeld 269 v. Chr., das erste Goldgeld 207 v. Chr.; von späteren Völkern haben zuerst die Venetianer und Florentiner (daher florenus = (Gold=) Gulden) bedeutende Goldausprägungen veranstaltet, nachdem Silbergeld schon allgemein in Gebrauch gekommen war.

2. Der Begriff „Geld" hat in seiner Entwicklung mit dem Aufschwunge des wirthschaftlichen Verkehres gleichen Schritt gehalten. Die Bedürfnisse von Wohnung, Kleidung und Nahrung, diesen Grundlagen aller wirthschaftlichen Bestrebungen, waren bei den ältesten Völkern wie noch jetzt bei den Naturvölkern so einfach, daß sie der Hausvater mit seinen Hausgenossen unmittelbar durch Bearbeitung der nächstgelegenen tauglichen Stoffe selbst befriedigen konnte. Im Nothfalle tauschte man sich die fehlende Sache durch Darangabe einer anderen im Ueberflusse vorhandenen vom Nachbar ein. Mit steigender Cultur vermehrten sich jedoch nicht nur die Bedürfnisse, sondern auch die Ansprüche an die Qualität der Mittel zu ihrer Befriedigung; die Herstellung gewisser Hausgeräthe, Kleider, Waffen, Lebensmittel u. dgl. verlangte eine Geschicklichkeit, wie sie nicht mehr in jeder Hausgenossenschaft zu finden war. An Stelle der Selbstbefriedigung wurde nach und nach der Austausch der Erzeugnisse die allgemeine Regel, und auf dieser Stufe volkswirth=

schaftlicher Entwicklung konnte der ursprüngliche Tauschhandel nicht mehr genügen, denn es wurde immer schwerer, zur rechten Zeit diejenigen Personen zu finden, welche den mangelnden Gebrauchs= gegenstand abgeben konnten und wollten, dagegen des gerade über= flüssigen bedurften. Bald beobachtete man, daß die Schwierigkeiten des Tauschhandels am geringsten bei solchen Gütern waren, welche allgemein verbreitete Bedürfnisse deckten, aus diesem Grunde von vielen Menschen begehrt und von vielen angeboten wurden; solche Güter erleichterten die Verständigung über den Preis einer Waare und die Ausgleichung desselben. Die weitere Ausbildung des Ver= kehres übertrug endlich diese Merkmale ausschließlich auf die beiden Edelmetalle Gold und Silber und führte zu dem jetzt gebräuchlichen Gelde. Die Vorzüge desselben werden wir im nächsten Absatze aus= führlicher besprechen; ein Beispiel aus der Gegenwart soll uns vorher die Bedeutung des Geldes noch mehr veranschaulichen.

Ein Knopfmacher, welcher Nägel braucht, bekommt solche vom benachbarten Nagelschmiede gegen eine Anzahl Knöpfe, welche viel= leicht dessen Frau gerade nöthig hat; beide haben einen Tauschhandel gemacht. Wollte dagegen der Knopfmacher auf dieselbe Weise sich ein Haus erwerben, wie lange müßte er wohl nach einem Haus= verkäufer suchen, der ebensoviele Knöpfe bräuchte, als das Haus werth ist! Hat er dagegen den gehörigen Vorrath einer andern Waare, welche allgemeines Bedürfniß ist und sich ebenso leicht auf= bewahren als fortschaffen läßt ohne an Werth zu verlieren, die an und für sich leicht theilbar ist und auch noch in kleinen Theilen einen ziemlichen Werth besitzt, also einer Waare, die nicht allein der Hausverkäufer, sondern jedermann zu jeder Zeit gern annimmt: so kann er sich nicht nur das gewünschte Haus, sondern jedes andere Tauschgut erwerben.

Eine solche Waare, die überall „gilt", ist unser „Geld". Der Geldbetrag, welchen der Knopfmacher nach vorheriger Verein= barung dem Verkäufer des Hauses bezahlt, ist der „Preis". So= wohl Käufer als Verkäufer betrachten den Preis als einen Maß= stab, womit sie den Werth des Hauses mit den Werthen anderer ihren Bedürfnissen entsprechender Güter messen, etwa so, wie man ungleich= namige Brüche an einem gleichen Nenner mißt. So lernen wir das Geld als das allgemeine Tauschmittel und den Werthmesser im volkswirthschaftlichen Verkehre kennen. Es leistet uns unersetzliche Dienste für den bequemeren und beschleunigteren Erwerb der wirth= schaftlichen Güter, d. i. alles desjenigen, was zur Befriedigung eines menschlichen Bedürfnisses brauchbar ist; kurz, es ist eines der wich= tigsten Hilfsmittel des Handels und Verkehres, und so unentbehrlich, wie die Buchdrucker=Lettern für die Vermittlung des geistigen Lebens.

Mit Einführung des Geldes vermochte sich auch die Arbeitstheilung erst recht zu entwickeln, weil nun jedermann einem Geschäfte
ganz allein sich widmen konnte in der sicheren Aussicht, alle andern
Bedürfnisse durch Geld erwerben zu können. Nun konnten jene kost-
baren aber oft schnell verderblichen Waaren leichter berufsmäßig
und deßhalb mit immer mehr Geschick hergestellt werden, weil die
Verfertiger nicht zu warten brauchten, bis sie ihre Nahrungsmittel
u. dgl. gegen ihre Produkte eintauschen konnten, sondern dies mit
dem gelösten Gelde jederzeit und überall vermochten. So wuchs
auch die Zahl der Künstler und Gelehrten, deren Erzeugnisse bei
Bäckern, Metzgern, Wirthen, Schustern und derartigen Geschäftsleu-
ten, die gerade die meisten unentbehrlichen Waaren erzeugen oder
verkaufen, ein sehr gering angesehenes Tauschmittel sein würden.

Ueberhaupt hat die Einführung des Geldes die Entwicklung der
persönlichen Freiheit unterstützt. Ohne dieses bequeme Verkehrs-
mittel müßte mancher Brodkäufer verhungern, bis er sich über den
Preis seiner eigenen Waare gegen Brod mit dem Verkäufer des letzteren geeinigt hätte, und der Arbeiter müßte wie ehedem Sklaven
und Leibeigene von seinem Arbeitgeber als Lohn Naturalien annehmen, deren Menge und Güte seinen Wünschen und Bedürfnissen
oft eben so wenig entsprechen würde, als Ort und Zeit der Abgabe.

3. Münzen aus Gold und Silber sind bei allen Culturvölkern
das gebräuchlichste Geld geworden und mit vollem Rechte. Luft
und Wasser, die sonst in der Natur so viele Zerstörungen verur-
sachen, vermögen diesen Metallen durch Rost u. dgl. keinen Schaden
zu thun, und das Feuer kann höchstens ihre Form, ihren Werth aber
um nichts Bedeutendes ändern; die Aufbewahrungsfähigkeit ist
daher in großem Maße vorhanden. Vermöge ihrer Vorzüge schließen sie schon in kleinen Mengen hohe Werthe ein und können deßhalb leicht und billig versandt werden. Endlich können sie leicht
und genau in sehr kleine Theile getheilt werden, ohne daß sich der
absolute Werth vermindert wie etwa bei andern Gütern, von denen
ein Theil für sich ohne Verbindung mit dem Ganzen oft ganz oder
theilweise werthlos ist.

Der Hauptvortheil der edlen Metalle als Geldmaterial ist
aber der, daß sie ihren Tauschwerth viel gleichmäßiger behalten
als die übrigen Güter; dieser Umstand macht das Edelmetallgeld zum konstantesten Werthmesser. Zwar erreicht das Metallgeld als Meßwerkzeug für Werthe nicht die Unveränderlichkeit des
Meters oder des Kilogewichtes als der Maße für Länge und
Schwere, und wer den Werth eines Goldguldens vor Columbus
für die damaligen Verhältnisse blos durch die Berechnung finden
wollte, wie viel Gulden und Kreuzer er für das im Gold-

gulden enthaltene Quantum Feingold in Gestalt einer neueren Gold=
münze erhalten würde, der würde sich völlig täuschen. Volkswirth=
schaftliche Theoretiker haben auch beständigere Werthmesser aufzu=
stellen gesucht; die einen in den Roggenpreisen, weil Roggen das
allgemeinste und zu allen Zeiten unentbehrlichste Nahrungsmittel
sei, die andern in dem Werthe einer Taglöhner=Tagesarbeit, weil
der Taglöhner, der weder eine kostspielige Vorbereitung noch kost=
spielige Werkzeuge braucht, gerade das verdiene, was der unent=
behrlichste Aufwand für menschlichen Lebensbedarf ist. — Aber
auch der Roggen ist von verschiedener Güte, gilt im kornarmen
Lande mehr als im kornreichen und ist oft heftigen Preisschwank=
ungen ausgesetzt; in den Jahren 1806 bis 1836 schwankte in Han=
nover der Silberwerth eines Himtes *) Roggen zwischen 9,3 gr.
und 33,5 gr. Feinsilber! Und was die Taglöhnerarbeit betrifft,
so hat die Arbeitskraft eines Mannes einen andern Werth bei großer
Nachfrage als bei geringer, einen andern im erschlaffenden Tropen=
klima als in der gemäßigten Zone. So gute Dienste diese theore=
tischen Werthmesser dem volkswirthschaftlichen Historiker leisten, so
bleibt deßhalb doch das Edelmetallgeld für das Leben der greifbarste
und wesentlichste Werthmesser.

Wie gesagt, behaupten die Edelmetalle einen viel gleichmäßi=
geren Preis als andere Waaren und zwar gleichzeitig in ver=
schiedenen Ländern; wie eine Flüssigkeit in kommunizirenden Röhren
streben sie über den ganzen Erdkreis nach gleicher Preishöhe.
Obschon die Produktion seit Columbus durch die Auffindung
so reichhaltiger Lager wie in Amerika und Australien fast um
das zwölffache vermehrt wurde, obschon die Kosten der Ausscheidung
aus den Erzen sich durch die neuerfundenen Scheidungsweisen be=
deutend vermindert haben, und zudem diese Metalle an sich so dauer=
haft sind, daß noch aus den altgriechischen Goldminen und aus den
altspanischen Silberminen zu Hannibals Zeit Metall vorhanden ist
und in den heutigen Geldstücken mit umläuft: so ist gleichwohl der
Preis des Metallgeldes seit Columbus kaum um ¼ zurückgegangen.
Dieß läßt sich zum Theil aus dem bedeutenden anderweitigen Ver=
brauche der edlen Metalle zu Luxusgeräthen, Vergoldungen u. dgl.,
einem Verbrauche, der sich mit dem wachsenden Reichthume der
Völker vermehrt, erklären, zum andern Theile besteht aber die
Hauptursache in der vermehrten Nachfrage nach Metallgeld gegen=
über dem vermehrten Angebote von Metallbarren. Die mächtigen
Fortschritte der Arbeitstheilung und des Handels (letzterer allein

---

*) Himt = ein in Hannover und Braunschweig früher gebräuchliches
Scheffelmaß. (ca. 0,114 Hl.)

in England von 45 Tausend Tonnen Gehalt der gesammten Marine im Jahre 1602 auf 6 Millionen gegenwärtig) verlangten eben eine entsprechende Vermehrung der Tauschmittel, das ist des Geldes *).

4. Wir haben nun gesehen, aus welchen Gründen die beiden Edelmetalle vor allen anderen Dingen die oben angeführten Merkmale eines allgemeinen Tauschmittels und Werthmessers in Anspruch nehmen dürfen. Zur Vervollständigung des Begriffes „Geld" müssen wir noch ein wesentliches Merkmal nachtragen.

Die Ausprägung von Geld ist nämlich jetzt ausschließliches Recht des Staates geworden; dafür übernimmt dieser die Bürgschaft für die Preiswürdigkeit des von ihm ausgegebenen Geldes und erkennt es als stillschweigend verstandenes Zahlungsmittel für alle Verbindlichkeiten an. Die Geschichte des staatlichen Münzrechtes oder des Münzregals ist fast bei jedem Volke, besonders aber bei dem deutschen, wie wir später sehen werden, ein treues Spiegelbild von der Entwicklung der Staatsgewalt überhaupt. Je wohlgeordneter die Verhältnisse eines Staates, desto angesehener ist auch das von ihm ausgegebene Geld, besonders aber jene Sorte von Geld, welche ihren Werth nicht in ihrem Stoffe, sondern im Credite des ersten Ausgebers hat; es ist hier das Papiergeld gemeint **).

Die Wahl und Aufrechterhaltung seines Geldsystems ist eine der wichtigsten Aufgaben des Staates. In der Münze, sagt Mommsen, kreuzen sich vier gewaltige Mächte: der Staat, der Handel, die Kunst, die Wissenschaft. Der Staat schafft den rechtlichen

---

*) Was den Preisunterschied von Gold und Silber unter sich selbst betrifft, so hängt dieser weniger von dem Betrage der anwachsenden Vorräthe an beiden Metallen ab, als von dem Vergleiche der Produktionskosten in den ungünstigsten Gold= und Silberminen, welche zur Befriedigung der Gesammtnachfrage noch abgebaut werden müssen. Während im Mittelalter Gold 10—12 mal so viel galt als Silber, gilt es jetzt 15—16 mal soviel, weil es gegenwärtig als Umlaufsmittel mehr gesucht wird als das Silber, wovon später.

**) Das Wesen des Papiergeldes sei hier kurz erklärt, da das Münzgesetz vom 9. Juli 1873 im Art. 18 auch diese Art von Geld berührt. Es besteht in Stückchen Papier, auf welchen angegeben ist, welchen Werth (wie viele Gulden, Thaler, Francs u. s. w.) sie darstellen sollen, und geht wie Metallgeld aus einer Hand in die andere über. Das Papiergeld hat den Vortheil, daß bei großen Zahlungen und weiten Versendungen die Geldgeschäfte mit großer Zeit= und Kostenersparniß ausgeführt werden können und die Kosten der Abnützung weit geringer sind. Gleichwohl ist die Schaffung von Papiergeld eine Maßregel, die mit großer Vorsicht zu handhaben ist. Der Staat hat deshalb die Ausgabe von Privatpapiergeld (Banknoten) neben seinem eigenen zwar gestattet, zugleich aber Bestimmungen getroffen, welche den betreffenden Personen im Interesse des öffentlichen Credits Verpflichtungen auferlegen; er selbst darf die Ausgabe von Papiergeld nicht als ein Mittel betrachten, um Staatsbedürfnisse zu befriedigen, die nicht durch Steuern oder verzinsliche Anleihen gedeckt werden können.

Boden, auf dem ſich das Geldſyſtem aufbaut; er übernimmt die recht=
mäßige Herſtellung der Münzen. Der Handel bedient ſich ſeiner
Münzen als bequemſter Werthmeſſer und Preisausgleicher; er be-
obachtet und prüft beſtändig das Verhältniß der geltenden Münzpolitik zu den Bedürfniſſen des Geldverkehrs. Die Kunſt unterſtützt als
Glyptik den Münztechniker bei Ausführung der verſchiedenen Verzie-
rungen und Bilder auf den Münzen. Endlich die Wiſſenſchaft lehrt die
Auffindung, Gewinnung und weitere Behandlung der Metalle und faßt
Geſchichte und Theorie der Münzkunde als Numismatik zuſammen.

In jedem Geldſyſteme iſt die Beſtimmung:
  a) der Währung,
  b) der Zählweiſe,
  c) des Münzfußes von größter Wichtigkeit.

Die Währung bezeichnet unter den beiden Edelmetallen das-
jenige, was als Werthmeſſer dienen ſoll. Es iſt nämlich nicht
nothwendig, ja in Ländern mit hoher Cultur nicht einmal rathſam,
beide Metalle gleichmäßig neben einander als Werthmeſſer zu ge-
brauchen, (Doppelwährung), weil dadurch leicht einer künſt-
lichen Veränderung der Preisverhältniſſe Vorſchub geleiſtet wird.
Man hat ſich deshalb entweder für Goldwährung oder für
Silberwährung ausſchließlich entſchieden. Iſt Letzteres der Fall,
ſo iſt das Goldgeld nur eine Waare, die bald im Preiſe ſteigt,
bald fällt, mithin dem Courſe unterworfen iſt; im erſten Falle iſt
Silbergeld nichts weiter als Scheidemünze.

Die Zählweiſe geht von der Rechnungseinheit aus, d. i. von
einem in dem als Währung angenommenen Metalle fürs Erſte feſt-
geſetzten Werthbetrage z. B. 1 Gulden (in Süddeutſchland) = 9,523 gr.
Feinſilber — 1 Thaler (in Norddeutſchland) = 16 $\frac{2}{3}$ gr. Feinſilber.
Aus dieſer Einheit ſetzt ſich dann durch Theilung oder Vervielfälti-
gung die ganze Skala der Zählweiſe und der Münzſorten zuſammen.
So war vom Gulden bisher die kleinere Einheit $\frac{1}{60}$ Gulden oder
1 Kreuzer und es gab folgende Münzſorten: Stücke zu 2 fl., 1 fl., $\frac{1}{2}$ fl.
6 kr., 3 kr., 1 kr., $\frac{1}{2}$ kr., 1 pf. — Wo der Thaler die Rechnungseinheit bildete, war die mittlere Einheit der $\frac{1}{30}$ Thlr. oder Silbergroſchen und die untere Einheit der Pfennig (in Preußen u. ſ. w.
der $\frac{1}{12}$ Silbergroſchen, in Sachſen der $\frac{1}{10}$ Sgr.); die Münzſorten
waren: Stücke zu 2, 1, $\frac{1}{3}$, $\frac{1}{6}$ Thaler, 2 $\frac{1}{2}$, 1 Silbergroſchen,
4, 3, 2, 1 Pfennig.

Die Zählweiſe bildet mit dem Münzfuße das Münzſyſtem.
Der Münzfuß beruht auf der Beſtimmung, wie ſchwer das einzelne
Münzſtück überhaupt ſein ſoll (Schrott) und wie viel edles Metall
es zu enthalten hat (Korn). Erſteres wird in der Weiſe beſtimmt,
daß man angibt, wie viele Stücke einer Münzſorte aus einer ge-

wissen Gewichtsmenge Gold oder Silber z. B. aus 1 Pfund verfertigt werden sollen, Letzteres durch die Zahl der Tausendstel, welche
eine Münze als reines Edelmetall enthalten soll. — Würde eine
Goldmünze ganz rein aus Gold, desgleichen eine Silbermünze ganz
aus Silber geprägt sein, so wären Schrott und Korn einander gleich;
doch werden alle Gold= und Silbermünzen mit einem andern Metalle (gewöhnlich Kupfer) vermischt, d. i. legirt, ausgegeben, weil
dadurch die Goldstücke an Dauerhaftigkeit gewinnen und den Münzen
kleineren Betrags eine bequemere Größe gegeben werden kann.   Die
Herstellung eines soliden Münzfußes und die gewissenhafte Beachtung
desselben bei der Münzfabrikation ist eine Ehrensache für jeden
Staat, der ein Münzrecht ausübt.   Für die Reellität seiner Münzen
steht der Staat durch den aufgedrückten Stempel ein, wie der Kaufmann für die Preiswürdigkeit seiner Waaren durch seine Firma.
Das Mittelalter hat in dieser Beziehung eine sehr zweifelhafte Be-
rühmtheit.   König Philipp IV. von Frankreich, wurde durch seine
fortwährende Münzverschlechterung aus Grund beständiger Geldver-
legenheiten so berüchtigt, daß ihn der italienische Dichter Dante in
seinem Gedichte „die Hölle" unter die Falschmünzer versetzt.   Aber
auch in Deutschland gieng es wunderlich genug zu.   Bei dem Ver-
falle der kaiserlichen Macht bemächtigten sich immer mehr geistliche
und weltliche Herren, Reichs= und selbst Landstädte des Münzrechtes,
so daß es zuletzt, auf der Höhe des Mittelalters im 15. Jahrhun-
derte gegen 600 verschiedene Münzstätten gab; jeder Münzherr
konnte in seinem Gebiete den Umlauf anderer deutscher Münzen
untersagen und die fremden Kaufleute zwingen, ihr Geld in seine
Landesmünze umzuwechseln oder, es wurden alle umlaufenden
Münzen eingerufen und mit Verminderung ihres Gold= oder Silber-
gehaltes umgeprägt wieder ausgegeben.   Das hieß man „einen
S ch l a g s ch a tz gewinnen"; in Wirklichkeit war es nichts anderes als
die Uebertragung des Faustrechtes auf das Münzwesen. — Der
S ch l a g s ch a tz hat übrigens in einem anderen Sinne seine Berech-
tigung.   Der Marktpreis von ungemünztem Golde und Silber kann
geringer sein als der, zu welchem der Staat nach den gesetzlichen
Bestimmungen seine Gold= und Silbermünzen ausgeben darf.   Dieser
Unterschied ersetzt oder vermindert doch die Kosten der Münzfabrikation und wird Schlagschatz genannt.

 Eine besondere Art von Münzen sind die S ch e i d e m ü n z e n.
Der sogenannte kleine Verkehr, der häufig mit sehr geringwerthigen
Waaren oder doch geringwerthigen Beträgen einer Waare zu thun
hat, bedarf zur Ausgleichung der Preise so kleiner Unterstufen des
Münzsystems, daß deren Ausprägung im Währungsmetalle entweder
gar nicht möglich oder doch nicht räthlich ist, weil dann die Münzen

so klein würden, daß deren Verlust gar zu leicht möglich wäre. An Stelle dieser kleinsten vollwerthigen, aber unprägbaren Münzen treten deshalb die Scheidemünzen, d. i. Münzen aus einem Metalle, das an Werth dem Währungsmetalle nachsteht. Dieselben sind nur Anweisungen auf einen gewissen Werthbetrag in Währungsmetall, ohne an sich diesen Werth zu haben; sie sind also auch eine Art Kreditgeld wie das Papiergeld. So ist der süddeutsche Kreuzer eine Anweisung auf den 60. Theil des im Gulden enthaltenen Fein= silbers, nämlich $\frac{9,523}{60}$ gr. oder 0,158 gr. Feinsilber. Der norb= deutsche Pfennig ist eine Anweisung auf den 360. Theil des im Thaler enthaltenen Feinsilbers, also $\frac{16\,{}^2/_3}{360}$ gr. oder 0,046 gr. Fein= silber, während wieder der süddeutsche Pfennig die Stelle von $\frac{9,523}{240}$ gr. oder 0,039 gr. Feinsilber vertritt.

Wo die Silberwährung besteht, werden die Scheidemünzen aus Billon, d. i. einer Metallmasse die mehr Kupfer als Silber enthält, oder nur aus Kupfer verfertigt. Die süddeutschen Sechser, Groschen und Kreuzer sind Billonmünzen, desgleichen in Preußen 2c. 2c. die Stücke zu 2½, 2, 1 und ½ Silbergroschen. Wo die Goldwährung besteht, gibt es auch silberne Scheidemünzen.

An Vorstehendes reihen wir einen Aufsatz aus Soetbeer's „Deutsche Münzverfassung", worin nach Mittheilungen im „deutschen Reichsanzeiger" vom 6. August 1873 die Einrichtung und der Ge= schäftsgang der Münze in Berlin*) beschrieben ist. Derselbe ver= tritt den münztechnischen Theil unserer Geldlehre.

„Mit Uebergehung der Komptoirs, Laboratorien und sonstigen Geschäftslokale, welche im Erdgeschoß des in stattlicher und wür= diger Gediegenheit erbauten und eingerichteten Hauptgebäudes gele= gen sind, sowie mit Uebergehung der Hilfswerkstätten, der mechani= schen Werkstatt, der Schmiede, Senk= und Härteanstalten, deren Charakter ein mehr allgemeiner ist und deren Beschreibung zu weit führen würde, wollen wir einen Rundgang durch die eigentlichen Betriebsräume machen und einen ungefähren Begriff von den Ein= richtungen derselben zu geben versuchen.

Bei einem solchen Rundgange tritt man zuerst in das nach dem Hofe zu gelegene Betriebs=Komptoir, von wo aus die den Be=

---

*) Aehnlich ist Einrichtung und Geschäftsgang in den übrigen Münzstätten.

trieb leitenden Beamten, die Münzmeister, die Metalle, welche ver=
arbeitet werden sollen, Gold, Silber und Kupfer, den einzelnen
Werkstätten auf großen und zugleich sehr genauen Wagen zu wägen,
die gefertigten Münzen oder Halbprodukte zurück empfangen und
aufbewahren.

Das zu verarbeitende Metall wird von dem Betriebs=Komptoir
aus auf einem, in gleicher Ebene mit ihm liegenden Korridor in
die erste Werkstatt, die Schmelzanstalt, gebracht. Diese besteht
aus 2 Abtheilungen: aus der Vorschmelze und aus der Betriebs=
schmelze. In der ersteren, der Vorschmelze, wird nur das anzu=
kaufende Metall geschmolzen, um die Mischungsverhältnisse der Gold=
und Silberlegirungen genau feststellen zu können und sind dazu 5
offene und 4 gedeckte Schmelzöfen vorhanden. In der Betriebs=
schmelze dagegen wird alles Metall, welches zu Münzen verarbeitet
werden soll, geschmolzen, wozu 15 gedeckte Oefen dienen. In sämmt=
lichen Oefen, sowohl den gedeckten, als den offenen, stehen Tiegel
von feuerfester Thonmasse, in welche das zu schmelzende Metall
gebracht und mit einem Deckel zugedeckt wird, während das Brenn=
material, Koks, Holzkohlen oder Steinkohlen um den Tiegel herum=
geschüttet und dadurch das Metall in Fluß gebracht wird.

Sobald das Metall in den Tiegeln vollständig flüssig geworden,
wird es gut durchgerührt und zunächst eine kleine Quantität als
Probe zur chemischen Untersuchung des Mischungsverhältnisses
herausgenommen, der Rest aber mit großen eisernen Kellen ausge=
schöpft. In der Vorschmelze wird das geschmolzene Metall in große
offene Formen aus Eisen („Eingüsse") gegossen und erhält darin
die Form von Barren. In der Betriebschmelze dagegen wird das
Metall in sogenannte „Gießflaschen" (das sind eiserne, aus 2 Theilen
bestehende Apparate, welche sich leicht öffnen und schließen lassen)
zu langen schmalen Streifen gegossen, welche den Namen „Zaine"
führen. In den Gießflaschen erkaltet das Metall sehr schnell, so
daß die Zaine sogleich herausgenommen und in ihnen, nachdem
sie zuvor etwas mit Oel geschmiert sind, von Neuem gegossen
werden kann.

Die zum Schmelzen verwendeten Tiegel haben sehr verschiedene
Größen; in der Betriebsschmelze werden Tiegel verwendet, welche
6—700 Pfund Silber aufnehmen können. Wenn die Zaine erkaltet
sind, wird der an ihnen sitzende Grat mit einer einarmigen Metall=
schere abgeschnitten. Diese Abschnitzel, sowie alle beim Schmelzen
entstehenden Abfälle, werden aufs sorgfältigste gesammelt und einer
späteren Schmelzung hinzugesetzt. Die Zaine selbst werden nach
Feststellung des Gewichtes an die nächste Werkstatt, die Streckan=
stalt, abgeliefert.

Die Streckanstalt befindet sich dicht neben der Schmelze und besteht aus einem großen Saal, in welchem vier große und acht kleine Walzwerke und die Durchschneid-Maschinen, acht rotirende und acht Schraubenmaschinen aufgestellt sind, sämmtlich in der mechanischen Werkstatt der Königlichen Münze gearbeitet und bewegt durch eine Borsigsche Dampfmaschine, die man hinter einer Glaswand in Thätigkeit sieht. Die Walzwerke verwandeln die Zaine allmählich in lang und immer länger gestreckte Metallblechschienen, bis dieselben die für die einzelnen Münzsorten erforderliche Dicke erlangt haben. Allmählich muß die Prozedur geschehen, weil sonst Metallrisse an den Rändern entstehen könnten. Selbstverständlich rollt sich unter den letzten Walzwerken ein zum Prägen von Einhalbsilbergroschenstücken bestimmter „Zain" zur unabsehbaren Spirale zusammen, während der für Thaler- oder Zweithalerstücke bestimmte, mäßige Dimensionen bewahrt. Bei der letzten Streckung dürfen die Zaine sich nicht krümmen, sondern erhalten die Form gerader Schienen, was für die Durchschneide-Maschinen, in welche sie nun kommen, erforderlich ist. Diese letzteren ähneln gewissermaßen den Prägemaschinen, nur daß statt des untern Stempels an ihnen sich das runde Loch befindet, durch welches die, durch den von oben herabhängenden, haarscharf geränderten Cylinder ausgestoßenen Metallplatten und Plättchen hinabfallen. Bewunderungswürdig ist die Präzision der an diesen Maschinen thätigen Arbeiter, welche darauf bedacht sein müssen, die „Schroten", d. h. die nach dem Ausstoßen der Münzplatten übrig bleibenden Reste der Metallschienen auf möglichst geringe Volumina zu beschränken. Bemerkenswerth ist übrigens noch, daß der Cylinder, welcher die Münzplatten ausstößt, an seiner untern Fläche in schiefer Ebene abgeschnitten ist und deshalb scheerenartig wirkt, weil sonst eine Krümmung und Höhlung auch der stärkeren Münzplatten unvermeidlich wäre. — Die durchlöcherten Metallschienen oder „Schroten" werden darauf noch in diesem Raume in Stücke gebrochen und in Mörsern derart zusammen- und ineinandergeschlagen, daß sie herausgenommen möglichst kompakte Massen bilden, die sich zum Wiedereinschmelzen eignen und „Schrotenköpfe" genannt werden.

Die herausgeschnittenen Münzplättchen wandern nunmehr zunächst nach dem „Glühraum." In den sechs darin befindlichen Glühöfen, die für diesen Zweck nur mit Torf geheizt werden, erhalten die Metallplatten sowie die Zaine die ihnen unter den Walz- und Streckmaschinen verloren gegangene Weichheit und Elastizität wieder, ohne welche sie die Prägung, bezüglich Streckung nicht würden vertragen können. Nur die Goldplatten werden in verschlossenen „Muffeln" geglüht, die übrigen Metalle frei in großen eisernen

Pfannen, welche in die eisernen Muffeln des Glühofens hineinge=
schoben werden. Das zum Kühlen der Zaine verwendete Wasser
wird nach dem Keller in bestimmte Bottiche geleitet, um auch die
in ihm abgelagerten Metalltheilchen nicht verloren gehen zu lassen.

Die nächste Manipulation, die mit den ausgeschnittenen Münz=
platten vorgenommen werden muß, geschieht eine Treppe höher in
den Justir= und Rändel-Lokalitäten. In dem Justirsaale sitzen
gegenwärtig hundert Justirer, welche jedes einzelne Münzstück auf
feinen Wagen wägen und von demselben, wenn es zu schwer ist,
mit einem kleinen Hobelapparat, so viel abschaben, bis es das vor=
schriftsmäßige Gewicht hat. Alle dabei zu leicht gewordenen Stücke
werden wieder eingeschmolzen. Jeder Justirer ist mit einer einer=
seits um seine Hüfte, andererseits am Arbeitstische befestigten Leder=
schürze versehen, in welcher sich auch die feinsten Metallspäne an=
sammeln, um später wieder in größeren Mengen vereinigt zusam=
mengeschmolzen zu werden. Trotz aller Vorsicht finden aber dennoch
einzelne Partikelchen ihren Weg auf die Diele, wo man sie, zumal
die glänzenden Goldpartikelchen, wie leichten Staub blinken sehen
kann. Die Dielen dieses Saales, des anstoßenden Rändelzimmers,
werden daher sorgsam allabendlich gefegt, noch sorgfältiger allwöchent=
lich einmal gereinigt und der Kehricht, die sogenannte „Krätze", an=
gesammelt und zugute gemacht.

Durch stetige Vereinfachung des Justirverfahrens hat das Ju=
stirerpersonal beständig vermindert werden können und steht der
gänzliche Fortfall dieser Arbeiter=Kategorie, bis auf das immer er=
forderliche Aufsichtspersonal, in nicht zu ferner Aussicht, wenn die
jetzt nur noch probeweise in Betrieb gesetzten Sortir= und Hobel=
maschinen sich, wie es den Anschein hat, bewähren sollten. Diese
sehr geistreich erfundenen Maschinen sind von dem Mechaniker
Ludwig Seyß in Atzgersdorf bei Wien gearbeitet. Eine letzte, end=
gültige Durchprobung haben alle Platten noch im Ober = Justirzimmer
zu bestehen.

Die fünf Rändelmaschinen in einem anstoßenden Raume
sind, so sinnreich sie auch konstruirt sind, zwar keine neue Erfin=
dung, jedoch aus den mechanischen Werkstätten der Münze hervorge=
gangen. Die Münzplatten werden durch Maschinenkraft zwischen
zwei, mit den betreffenden Randgeprägestempeln versehene, Leisten
hindurchgezwängt, von welchen eine feststeht, während die andere
beweglich ist und die Drehung der Münzplatte um ihre Axe bewirkt. —
Noch eine wichtige Prozedur haben die so weit vorbereiteten Metall=
platten zu bestehen, ehe sie das Werthgepräge erhalten können, die
Beize. Zwei Beiz= und vier Scheuerfässer, durch Dampfkraft in
Bewegung gesetzt, und zwei Trocken= und Kochapparate neuer Kon=

struktion dienen dazu, die Münzplättchen von dem oxydirten Metall und allen Unreinigkeiten, die sich bei der Bearbeitung angesetzt haben, zu befreien. Durch verdünnte Schwefelsäure, welche sich in den Beizfässern befindet, wird das oxydirte Kupfer aufgelöst und durch nachheriges Scheuern mit pulverisirtem Weinstein in den Scheuerfässern wird den Platten eine reine Farbe gegeben.

Wir gelangen endlich in den Prägesaal. In demselben stehen in zwei Reihen achtzehn Maschinen Uhlhorn'scher Konstruktion. Neun derselben, meistens kleinere, sind aus der Fabrik ihres Erfinders, des Dr. Uhlhorn in Grevenbroich bei Neuß, selbst hervorgegangen, die anderen neun größeren sind nach seinem Princip, aber mit wesentlichen Veränderungen in der Konstruktion, hier in der Königlichen Münze selber erbaut worden. Die wichtigste Veränderung dieser Art besteht in der Anbringung eines Sicherheitshebels, welcher bei vorfallenden Unregelmäßigkeiten, Ausfallen der erwarteten Prägeplatte, oder Einschieben zweier derselben auf einmal, Zufälligkeiten, die sonst stets einen nachtheiligen Einfluß auf die ganze Maschine ausübten und die Stempel mehr oder weniger beschädigten, sofort eingreift und die Maschine außer Gang setzt. Die Prägemaschinen, deren allgemeine Konstruktion als ziemlich bekannt vorausgesetzt werden kann, werden durch gemeinschaftliche Dampfkraft in Bewegung gesetzt und arbeiten mit überraschender Geräuschlosigkeit und Eleganz.*)

II. Geschichte der älteren deutschen Münzsysteme, sowie der neuen deutschen Münzgesetze.

Die Könige des Frankenreiches hatten das in 12 Unzen zerfallende altrömische Gewichtspfund (ca. 321 gr.) als Münzpfund angenommen, so daß sie zuerst 24, dann 22 und 20 Schillinge (solidi) daraus prägten; der Schilling wurde wieder in 12 Silberpfennige (Denare) eingetheilt. 240 Pfennige wogen 1 Pfund und enthielten auch 1 Pfd. Feinsilber, so daß Schrott und Korn einander ganz gleich waren. Durch die Herrschaft der Karolinger verbreitete

---

*) Ueber das Gepräge der deutschen Reichsmünzen vergl. § 5 des Münzgesetzes vom 4. Dezbr. 1871, sowie Art. 3. §§ 2 und 3 des Münzgesetzes vom 9. Juli 1873.

sich dieser Münzfuß über ganz Deutschland, und die missi regii
oder Sendgrafen der karolingischen Könige und Kaiser waren
angewiesen, die Einhaltung desselben bei allen Münzstätten zu
überwachen. Diese Münzordnung verfiel aber allmählich in demselben Grade, als die Einheit des Reiches und das Ansehen der
Kaiser in Verfall gerieth; geistliche und weltliche Herren bemächtigten sich des Münzrechtes und brachten es zuletzt dahin, daß
240 Pfennige zwar noch 1 Pfund wogen aber nur mehr ½ Pfd.
Silber enthielten. Von Jahr zu Jahr wurden neue, aber wieder
verschlechterte Pfennige ausgegeben; so wurde dieses Münzsystem
eine der drückensten Auflagen für das Volk und eines der drückend-
sten Hemmnisse für den Handel. Die Städte, als die Stätten der
Handelswelt, suchten endlich diesem Unwesen zu steuern, indem
sie mit großen Opfern selbst Münzrechte erwarben oder pachteten;
allen voran ging das mächtige Köln. Daher kam es, daß das
Kölner Münzgewicht (b. i. ½ Kölnerpfund und schon 1042 nachweislich „Mark" genannt) bei den übrigen städtischen Münzstätten
und zuletzt allgemein im deutschen Reiche Eingang fand. Freilich
blieben die deutschen Münzverhältnisse hinsichtlich des Münzfußes noch
immer in größter Unordnung, weßhalb zu Ende des 15. und An-
fang des 16. Jahrhunderts sowie auf dem Gebiete des Gerichts-
wesens und der Reichspolizei, so auch auf dem des Münzwesens An-
läufe zu einer besseren Ordnung der Dinge versucht wurden. Aber der
30-jährige Krieg zerstörte alles wieder. Nach demselben bedurfte
es trotz aller Erkenntniß der Nachtheile der deutschen Münzunord-
nung jahrelanger Verhandlungen auf Reichs- und Kreistagen und
vieler Einzelnverträge zwischen benachbarten Fürsten und Ländern,
bis endlich 1690 der Leipziger Münzfuß zur Geltung kam, wonach
die kölnische Mark Feinsilber (ca. 233 gr.) zu 12 Thalern ausge-
münzt wurde; im Jahre 1738 wurde dieser Münzfuß ausdrücklich
zum Reichsfuße erhoben. Aber schon 1748 führte Oesterreich
den sogenannten Conventionsfuß ein, die Mark zu 13⅓ Thaler
oder 20 Gulden, den Gulden in 60 Kreuzer oder 15 Batzen getheilt.
Bayern, Sachsen und andere Reichsländer traten 1753 diesem
Münzfuße bei; doch gieng 1766 Bayern wieder von dieser Convention
zurück und zum 24 Guldenfuße über, indem es zwar seine Münzen
in dem Verhältniße von 20 Gulden auf die Mark fortprägte, aber
um ein Fünftel mehr gelten ließ, z. B. das Zweigulden-Stück
(Spezies- oder Conventionsthaler) als 2 fl. 24 kr., das Zwanzig-
Kreuzer- oder fünf Batzen-Stück zu 24 Kreuzer u. s. f. — Diesem
Beispiele folgte bald ganz Süddeutschland; nur Oesterreich behielt
den Conventionsfuß und zwar bis 1857. Aber auch der süddeut-
oder rheinische Vierundzwanzig-Guldenfuß wurde bald dadurch ver-

nichtet, daß man die ſogenannten Brabanter- oder Kronenthaler, zuerſt von Oeſterreich für die Niederlande ausgegeben, im Verkehr zu 2³⁵/₅₀ Gulden annahm, obſchon ſie nur 2³²/₅₀ rh. Gulden werth waren; das verlockte auch die übrigen ſüddeutſchen Staaten, mehr Kronenthaler als Conventionsthaler zu prägen, und damit wurde ein Münzfuß von 24½ Gulden per Mark eingeführt.

Weit ſtandhafter gegen alle Münzfußveränderungen hatte ſich Preußen verhalten. Daſſelbe prägte ſeit dem Jahre 1764 die Mark zu 14 Thaler aus und theilte den Thaler in 24 Groſchen, den Groſchen in 12 Pfennige; im Jahre 1821 führte es die Theilung des Thalers in 30 Silbergroſchen ein, ſonſt blieb der Münzfuß weſentlich derſelbe.

Im wohlverſtandenen Intereſſe des Verkehrs ſchloſſen ſich nach und nach die meiſten der an preußiſche Provinzen grenzenden Staaten dem preußiſchen Münzfuße an. Der im Jahre 1834 von Preußen, Bayern, Kurheſſen, Sachſen und den Thüringiſchen Staaten gegründete erſte deutſche Zollverein und deſſen ſpätere Ausdehnung auf faſt alle deutſchen Staaten verſtärkte das Bedürfniß einer gegen- ſeitigen Annäherung im Münzweſen und führte zum Abſchluß der ſogenannten Dresdener Münzkonvention vom Jahre 1838. Es wurde dadurch für · alle Münzſtätten der Zollvereinsſtaaten das Münzgewicht, die Mark, gleichheitlich beſtimmt (zu 233,855 gr.) und auf dieſer Grundlage ſollte entweder der Vierzehn-Thaler- oder der Vierundzwanzigeinhalb-Guldenfuß als Landesmünzfuß Geltung haben; das Miſchungsverhältniß wurde für die Zwei- Thaler und Dreieinhalb-Guldenſtücke auf ⁹/₁₀ Silber und ¹/₁₀ Kupfer feſtgeſetzt. Sachſen behielt ſich damals die Theilung des Groſchens in 10 Pfennige vor, führte auch dieſelbe aus und wurde darin ſpäter von Sachſen-Altenburg und Sachſen-Gotha nachgeahmt. Mecklen- burg nahm den Vierzehn-Thalerfuß erſt 1848 an, aber mit der beſonderen Theilung des Thalers in 48 und beziehungsweiſe 40 Schillinge; dieſem Beiſpiele folgten 1856 die freien Städte Lübeck und Hamburg.

Eine, wenn auch unbedeutende, Verſchlechterung dieſer Münzfüße (etwa um 0,22%) brachte der Wiener Zoll- und Handelsvertrag mit Oeſterreich im Jahre 1857. Es wurde nämlich an Stelle der kölniſchen Mark das Münzpfund im Betrage zu 500 gr. angenom- men und beſchloſſen, aus einem ſolchen Pfund Feinſilbers 30 Thaler oder 52½ Gulden ſüdd. oder 45 Gulden öſterr. zu prägen; dieſe Münzſtücke ſollten gleiche Geltung haben mit den im bisherigen Vierzehn-Thaler, reſp. Vierundzwanzigeinhalb-Guldenfuße geprägten gleichnamigen Münzen. Das Miſchungsverhältniß wurde auf 900 Theile Silber und 100 Theile Kupfer feſtgeſetzt. Ferner wurden

unter Beseitigung der bisherigen Goldausprägungen neue goldene
Vereinsmünzen geschaffen, nämlich Kronen zu 10 gr. Feingold und
halbe Kronen zu 5 gr. mit einem Mischungsverhältniß von 900 Tau=
sendtheilen Gold zu 100 Tausendtheilen Kupfer. Da aber diese Gold=
münzen dem Course unterlagen und Niemand verpflichtet war, sie
an Stelle der Landessilbermünzen als Zahlungsmittel anzunehmen,
so wurden sie in der deutschen Handelswelt nicht beliebt. Ueber=
haupt hat der Wiener=Münzvertrag weder die deutsche Münzeini=
gung wesentlich gefördert, noch auf die von mehreren Seiten ge=
wünschte Anbahnung der Goldwährung und des Dezimalsystems er=
heblichen Einfluß ausgeübt. Von bleibendem Werthe waren nur
die oben angeführten technischen Bestimmungen des Münzpfundes
und der Legierung nebst einigen erläuternden Vorschriften; diese
Bestimmungen sind auch in die neue Reichsmünzordnung über=
gegangen.

Nach dem Jahre 1857 machte sich in den betheiligten Kreisen
die Unzufriedenheit mit den ungeordneten deutschen Münzverhältnissen
und das Verlangen nach Einigung auf diesem Gebiete um so mehr
geltend, als überhaupt in Deutschland Reform= und Einigungs=
Bestrebungen aller Art wieder erwachten. Gleichwie allgemeine
Deutsche Turner=, Schützen=, Sänger=, Lehrer=, Juristen=, Journali=
sten=, Abgeordneten= 2c. Tage abgehalten wurden, so kam im Jahre
1861 zu Heidelberg auch ein erster deutscher Handelstag zusammen,
der sofort die Münzfrage als einen der wichtigsten Gegenstände auf
seine Tagesordnung setzte. Er nahm u. A. folgende Resolutionen an:

„Die endliche Beseitigung der einer vollständigen Münz=Ein=
heit in Deutschland noch entgegenstehenden ausnahmsweisen Zustände
und Hindernisse ist nicht länger aufzuschieben."

„Als allgemeine Rechnungseinheit ist der Drittel=Thaler unter
der Benennung „Mark" anzunehmen, mit direkter Theilung in 100
Pfennige."

Die Frage der Münzreform war nun fortwährend stehender
Gegenstand der deutschen Handelstage und ein wahrhaftes Schmerzens=
kind der gesammten Handelswelt, welche die bestehenden Mißstände
am meisten zu empfinden hatte.

Um so eifriger betrieb man diese Angelegenheit, als nach dem
Jahre 1866 und nach Bildung des norddeutschen Bundes die Ver=
fassung desselben das Münzwesen der Aufsicht und Gesetzgebung des
Reiches zuwies und dadurch, wenigstens in Norddeutschland, eine
starke Handhabe zur Herbeiführung der gewünschten einheitlichen
Münzreform geschaffen war. Bis Juni 1870, also kurz vor Aus=
bruch des Krieges mit Frankreich, war die Angelegenheit schon so
weit gediehen, daß auf Veranlassung des Reichskanzlers im nord=

deutſchen Bundesrathe ein Ausſchuß zur Unterſuchung der bei der
Ordnung des Münzweſens in Betracht kommenden Verhältniſſe
gebildet werden ſollte. Der erfolgte Ausbruch des Krieges hemmte
freilich einſtweilen die weitere Thätigkeit für die Münzreform. Als
aber nach unerwartet glücklichen Erfolgen am 18. Januar 1871
das deutſche Reich neugegründet war und das Verlangen der Nation
nach politiſcher Einigung zu einem großen Theil ſich erfüllt hatte,
da war die Löſung der Münzfrage nothwendiger als je, weil das
wiedergewonnene Elſaß=Lothringen zu den ſchon beſtehenden Münz=
ſyſtemen noch ein neues gefügt hatte. Es galten jetzt im deutſchen
Reiche folgende Münzſyſteme:

I. Der Thalerfuß, der Thaler eingetheilt in 30 Groſchen zu 12
    Pfennigen,
        in Preußen (mit Ausſchluß der Hohenzollern'ſchen Lande
        und Frankfurt a. M.), Lauenburg, Anhalt, Braunſchweig,
        Oldenburg, Sachſen=Weimar, Schwarzburg=Sondershauſen
        und Rudolſtadt Unterherrſchaft, Waldeck, in den Reußi=
        ſchen Fürſtenthümern, in Schaumburg=Lippe, Lippe;

II. der Thalerfuß, der Thaler eingetheilt in 30 Groſchen zu 10
    Pfennigen,
        im Königreich Sachſen, Sachſen=Gotha, Sachſen=Alten=
        burg;

III. der Thalerfuß, der Thaler eingetheilt in 48 Schillinge zu 12
     Pfennigen,
        in Mecklenburg=Schwerin und Strelitz;

IV. die Courantwährung, die Mark=Courant eingetheilt in 16 Schil=
    linge zu 12 Pfennigen,
        in Lübeck und Hamburg — wo außerdem für den Groß=
        handel eine auf Feinſilber in Barren begründete beſon=
        dere Hamburger Bankvaluta, 59 1/3 Mark auf das metriſche
        Pfund Feinſilber, beſtund;

V. der Süddeutſche Münzfuß, der Gulden eingetheilt in 60 Kreuzer,
        in Bayern, Württemberg, Baden, Heſſen, Hohenzollern,
        Frankfurt a. M., Sachſen=Meiningen, Sachſen=Koburg,
        Schwarzburg=Rudolſtadt Oberherrſchaft;

VI. die Thaler=Gold=Währung, der Louisd'or oder die Piſtole
    gerechnet zu 5 Thaler und der Thaler eingetheilt in 72 Grote
    zu 5 Schwaren,
        in Bremen;

VII. das Franzöſiſche Frankenſyſtem, der Frank eingetheilt in 100
     Centimes,
        in Elſaß=Lothringen.

Die Presse griff die Münzreform schnell wieder auf, um die noch bestehenden Gegensätze unter den Freunden der Münzeinigung auszugleichen und die Regierungen zum gemeinsamen Vorgehen zu veranlassen. Noch bestunden die Streitfragen, ob der Anschluß an ein internationales Münzsystem (S. p. 28) wünschenswerth sei oder nicht, und ob die neuen Münzeinheiten in einem möglichst einfachen Zusammenhang mit den bestehenden Wertheinheiten stehen oder ganz neu auf rein metrische Gewichtsverhältnisse begründet werden sollten. Der im August 1871 zu Lübeck tagende volkswirthschaft= liche Congreß verneinte die erstere Frage und entschied sich in letz= terer für Anknüpfung an die bestehenden Wertheinheiten. Schon einige Wochen darauf wurde der gesetzgeberische Weg beschritten. — Der Reichskanzler übergab im Oktober dem Bundesrathe einen „Gesetzentwurf, betr. die Ausprägung von Reichsgoldmünzen" und am 5. November gelangte der Entwurf nach einigen Modifikationen an den Reichstag. Nach eingehenden Berathungen in demselben war endlich die Sache soweit bereit, daß der Kaiser am 4. Dezem= ber 1871 ein „Gesetz, betr. die Ausprägung von Reichsgoldmünzen" unterzeichnen konnte.

Mit diesem Gesetze war übrigens die Münzreform noch nicht abgeschlossen; es fehlten noch die Bestimmungen über den Zeitpunkt der Einführung der neuen Währung und über die Ausprägung entsprechender Reichs=Scheidemünzen.

Dieselben wurden in dem Münzgesetze vom 9. Juli 1873 ge= troffen. Das im Artikel 18 dieses Gesetzes in Aussicht gestellte Reichs= gesetz über die Ausgabe von Reichspapiergeld wurde in der Früh= jahrs=Session des Reichstages 1874 berathen und ist bereits in Kraft.

Zum vollständigen Ausbau des deutschen Münzwesens fehlte noch das Bankgesetz, welches aber in der Herbst=Session des Reichs= tages und Bundesrathes 1874 zu Stande kam. Die neue Reichs= währung ist bereits im ganzen deutschen Reiche mit Ausnahme von Bayern und Württemberg eingeführt; in den letztgenannten Län= dern steht sie mit 1. Januar 1876 in Aussicht.

Am Ende unserer geschichtlichen Darstellung mögen nachstehende Schlußworte aus einem Vortrage über die Münzgesetzgebung, wel= chen der k. b. Münzmeister Dr. Emil v. Schauß im v. Liebig'schen Hörsaale zu München gehalten hat,*) ganz am Platze sein: „Möchte das deutsche Volk wohl beherzigen, daß es nicht genügt, wenn ein Gesetz mit Geist gemacht ist. Auch das Volk, für das ein solches gemacht ist, hat die Pflicht, demselben den richtigen Geist entgegen zu tragen, der hauptsächlich darin besteht, den Bestimmungen des=

---

*) In Druck erschienen bei J. Lindauer. München.

selben nachzukommen und eine Uebertretung desselben nicht zu dul=
den. — Möge das Volk in Zukunft auch selbst etwas Münzpolizei
üben und dafür sorgen, daß unser Geldverkehr ein so gereinigter
sein wird, wie ihn die Münzgesetze anstreben. Erst dann werden
dieselben unserm deutschen Reiche die segenvollen Vortheile eines
mit Mühe und Opfern geschaffenen neuen Bandes der Gemeinsam=
keit des deutschen Volkes bringen."

III. Inhalt der neuen Münzgesetze.

A.
Gesetz, betreffend die Ausprägung von Reichsgoldmünzen.
Vom 4. Dezember 1871.

Wir **Wilhelm,** von Gottes Gnaden Deutscher Kaiser,
König von Preussen &c.

verordnen im Namen des Deutschen Reichs, nach erfolgter Zustimmung des
Bundesrathes und des Reichstages, wie folgt:

§ 1. Es wird eine Reichsgoldmünze ausgeprägt, von
welcher aus Einem Pfunde feinen Goldes 139½ Stück ausgebracht werden.

§ 2. Der zehnte Theil dieser Goldmünze wird Mark
genannt und in hundert Pfennige eingetheilt.

§ 3. Ausser der Reichsgoldmünze zu 10 Mark (§ 1)
sollen ferner ausgeprägt werden:

Reichsgoldmünzen zu 20 Mark, von welchen aus
Einem Pfunde feinen Goldes 69¾ Stück ausgebracht
werden. *)

§ 4. Das Mischungsverhältniss der Reichsgoldmünzen
wird auf 900 Tausendtheile Gold und 100 Tausendtheile Kupfer festgestellt.

Es werden demnach

125,₅₅ Zehn-Markstücke,
62,₇₇₅ Zwanzig-Markstücke

je Ein Pfund wiegen.

§ 5. Die Reichsgoldmünzen tragen auf der einen Seite
den Reichsadler mit der Inschrift „Deutsches Reich" und mit

---

*) Nach Bundesrathsbeschluße vom 15. Febr. 1875 sollen die Zehnmarkstücke
Kronen, die Zwanzigmarkstücke Doppelkronen genannt werden.

der Angabe des Werthes in Mark, sowie mit der Jahreszahl der Ausprägung, auf der andern Seite das Bildniss des Landesherrn, beziehungsweise das Hoheitszeichen der freien Städte, mit einer entsprechenden Umschrift und dem Münzzeichen. Durchmesser der Münzen, Beschaffenheit und Inschrift der Ränder derselben werden vom Bundesrathe festgestellt.

§ 6. Bis zum Erlass eines Gesetzes über die Einziehung der groben Silbermünzen erfolgt die Ausprägung der Goldmünzen auf Kosten des Reiches für sämmtliche Bundesstaaten auf den Münzstätten derjenigen Bundesstaaten, welche sich dazu bereit erklärt haben.

Der Reichskanzler bestimmt unter Zustimmung des Bundesrathes die in Geld auszumünzenden Beträge, die Vertheilung dieser Beträge auf die einzelnen Münzgattungen und auf die einzelnen Münzstätten und die den letzteren für die Prägung jeder einzelnen Münzgattung gleichmässig zu gewährende Vergütung. Er versieht die Münzstätten mit dem Golde, welches für die ihnen überwiesenen Ausprägungen erforderlich ist.

§ 7. Das Verfahren bei Ausprägung der Reichsgoldmünzen wird vom Bundesrathe festgestellt, und unterliegt der Beaufsichtigung von Seiten des Reichs. Dieses Verfahren soll die vollständige Genauigkeit der Münzen nach Gehalt und Gewicht sicherstellen. Soweit eine absolute Genauigkeit bei dem einzelnen Stücke nicht innegehalten werden kann, soll die Abweichung in Mehr oder Weniger im Gewicht nicht mehr als zwei und ein halb Tausendtheile seines Gewichts, im Feingehalte nicht mehr als zwei Tausendtheile betragen.

§ 8. Alle Zahlungen, welche gesetzlich in Silbermünzen der Thalerwährung, der süddeutschen Währung, der lübischen oder hamburgischen Courantwährung oder in Thalern Gold bremer Rechnung zu leisten sind, oder geleistet werden dürfen, können in Reichsgoldmünzen (§§ 1 und 3) dergestalt geleistet werden, dass gerechnet wird:

das Zehn-Markstück zum Werthe von 3⅓ Thalern oder 5 fl. 50 kr. süddeutscher Währung, 8 Mark 5⅓ Schilling lübischer oder hamburger Courant-Währung, 3 1/93 Thaler Gold bremer Rechnung;

das Zwanzig-Markstück zum Werthe von 6⅔ Thalern oder 11 fl. 40 kr. süddeutscher Währung, 16 Mark 10⅔ Schilling lübischer und hamburgischer Courant-Währung, 6 2/93 Thaler Gold bremer Rechnung.

§ 9. Reichsgoldmünzen, deren Gewicht um nicht mehr
als fünf Tausendtheile hinter dem Normalgewicht (§ 4) zurück-
bleibt (Passirgewicht), und welche nicht durch gewaltsame
oder gesetzwidrige Beschädigung am Gewicht verringert sind,
sollen bei allen Zahlungen als vollwichtig gelten.

Reichsgoldmünzen, welche das vorgedachte Passirgewicht
nicht erreichen und an Zahlungsstatt von den Reichs-, Staats-,
Provinzial- oder Kommunalkassen, sowie von Geld · und Kreditanstalten und Banken angenommen worden sind, dürfen
von den gedachten Kassen und Anstalten nicht wieder ausgegeben werden.

Die Reichsgoldmünzen werden, wenn dieselben in Folge
längerer Circulation und Abnutzung am Gewicht so viel eingebüsst haben, dass sie das Passirgewicht nicht mehr erreichen, für Rechnung des Reiches zum Einschmelzen eingezogen.
Auch werden dergleichen abgenutzte Goldmünzen bei allen
Kassen des Reichs und der Bundesstaaten stets voll zu dem-
jenigen Werthe, zu welchem sie ausgegeben sind, angenommen werden.   .

§ 10. Eine Ausprägung von anderen, als den durch dieses Gesetz eingeführten Goldmünzen, sowie von groben Silbermünzen, mit Ausnahme von Denkmünzen, findet bis auf Weiteres nicht Statt.

§ 11. Die zur Zeit umlaufenden Goldmünzen der deutschen Bundesstaaten sind von Reichs wegen und auf Kosten
des Reiches nach Massgabe der Ausprägung der neuen Goldmünzen (§ 6) einzuziehen.

Der Reichskanzler wird ermächtigt, in gleicher Weise
die Einziehung der bisherigen groben Silbermünzen der deutschen Bundesstaaten anzuordnen und die zu diesem Behufe
erforderlichen Mittel aus den bereitesten Beständen der Reichskasse zu entnehmen.

Ueber die Ausführung der vorstehenden Bestimmungen
ist dem Reichstage alljährlich in seiner ersten ordentlichen
Session Rechenschaft zu geben.

§ 12. Es sollen Gewichtsstücke zur Eichung und Stempelung zugelassen werden, welche das Normalgewicht und
das Passirgewicht der nach Massgabe dieses Gesetzes auszumünzenden Goldmünzen, sowie ein Vielfaches derselben angeben. Für die Eichung und Stempelung dieser Gewichtsstücke
sind die Bestimmungen der Artikel 10 und 18 der Maass-
und Gewichtsordnung vom 17. August 1868 (Bundesgesetzbl.
S. 473) massgebend.

§ 13. Im Gebiet des Königreichs Bayern kann im Bedürfnissfall eine Untertheilung des Pfennigs in zwei Halb-Pfennige stattfinden.

Urkundlich unter Unserer Höchsteigenhändigen Unterschrift und beigedrucktem Kaiserlichen Insiegel.

Gegeben Berlin, den 4. Dezember 1871.

(L. S.)   **Wilhelm.**

Fürst v. Bismarck.

Die §§ 1, 3 und 4 stellen den Münzfuß der Reichsgoldmünzen fest, § 2 bestimmt aus § 1 die Rechnungseinheit und deren Theilung. Was bisher nach Gulden und Thalern, Kreuzern und Silbergroschen gezählt wurde, zählt man künftig nach Mark und Pfennigen. Die Rechnungseinheit „Mark" *) ist der zehnte Theil einer Goldmünze, von der aus einem Pfunde ($\frac{1}{2}$ Kgr. oder 500 gr.) Feingold $139\frac{1}{2}$ Stücke ausgebracht werden. In diesen Goldmünzen sind aber nur $^{900}/_{1000}$ Netto Feingold enthalten, die übrigen $^{100}/_{1000}$ sind Kupfer; $139\frac{1}{2}$ Zehnmarkstücke wiegen also $1\frac{1}{9}$ Pfd. Brutto. Außer dieser Münzsorte wird noch eine solche zu 20 M. ausgeprägt. — (Vergl. auf p. 33 Art. 2.) Die einzige Untereinheit bildet der Pfennig als 100. Theil der Mark oder 1000. Theil des 10 Mark=Stückes.

Es hatte zwar nahe gelegen, noch eine Zwischeneinheit für 10 Pf. zu schaffen unter dem Namen „Groschen"; vielleicht wird auch der volksthümliche Verkehr, der besonders in Norddeutschland an die Groschenrechnung schon gewöhnt ist, dieselbe auf das neue Münzsystem übertragen; indessen ist die Annahme von nur zwei Gattungen der Rechnungseinheit für die Rechnungen der Geschäfts-leute und Beamten eine große Erleichterung, die noch dadurch erhöht wird, daß in Folge der Centesimaltheilung die Hunderter der Pfennige ohne weiters als Mark angeschrieben werden können.

Durch die Wahl der Mark als Rechnungseinheit nach obenbe-rechnetem Münzfuße wurde in Deutschland die Aussicht auf den balbigen Anschluß an ein internationales Münzsystem völlig ver-

---

*) Mark ist ein altdeutsches Wort, das zunächst Erinnerungszeichen bedeutet, daher besonders die Grenze eines Landes, Bezirkes u. dgl.; auch war es schon 1042 nachweislich der Name des deutschen Münzgewichtes ($\frac{1}{2}$ Pfd. feines Gold oder Silber) sowie später einer Rechnungseinheit (rauhe Mark = $\frac{1}{2}$ Pfd. legirtes Münzmetall). Nachdem aber der Geld= und Gewichtsbegriff der Mark völlig aus-einander gegangen war, wurde die Geldmark in einigen norddeutschen Gebieten, so in Hamburg, Lübeck, Mecklenburg eine Münzeinheit, welche an Werth tief unter der Gewichtsmark der üblichen Silbermünzsorten stand. Vergl. auch das im II. Kap. Gesagte.

eitelt, so viele Anhänger sich auch für letzteres, besonders in Süd=
deutschland gefunden hatten.   Als Napoleon der III. von Frankreich
noch auf der Höhe seines Glücks stand, beschäftigte ihn die internatio=
nale Münzeinigung als ein Mittel, den französischen Einfluß auf dem
ganzen Erdkreise zu verbreiten.   Bereits hatten Belgien, Italien
und die Schweiz am 23. Dezbr. 1865 zu Paris die sogenannte
lateinische Münzkonvention auf Grund des Frankensystems geschlossen;
im Jahre 1867 sollte bei Gelegenheit der Pariser Welt=Ausstel=
lung die weitere Ausdehnung dieser Convention versucht werden,
und auf Einladung Napoleons fand in Paris eine Münzkonferenz
statt, bei welcher 23 Staaten vertreten waren.   Man befürwortete
dort auch wirklich jene lateinische Münzkonvention als einen Anknüpfungs=
punkt für eine universelle Münzeinigung; doch verhielt man sich sehr
zurückhaltend ja ablehnend in Bezug auf Verpflichtung zur that=
sächlichen Ausführung.   So sehr auch der internationale Reiseverkehr
und zum Theil auch der intern. Handelsverkehr ein Universalmünz=
system vortheilhaft finden würde, so ist die Ausführung doch äußerst
schwierig.   Die landesüblichen Münzen der verschiedenen Staaten
haben, meistens ein sehr abweichendes Verhältniß zu einander, und
so müßten beim Uebergang zum Franken=System Millionen von
Staatsbürgern ohne den geringsten Nutzen für sich und nur zur
Bequemlichkeit einiger Tausende von Reisenden oder Kaufleuten die
größten Unbequemlichkeiten tragen.   Noch schwieriger und den Völker=
frieden gefährdender wäre aber die Aufrechterhaltung des interna=
tionalen Münzsystems; denn diese fordert eine gegenseitige Aufsicht
über die richtige Ausprägung, die Einlösung abgenützter Münzen,
die Regelung des Papiergeldes, lauter Dinge, die gleichbedeutend
mit einem theilweisen Aufgeben der staatlichen Selbständigkeit sind,
wozu sich die große Zahl der in ihrem Selbstbewußtsein so
empfindlichen Staaten nicht oder nicht lange verstehen dürfte.   Die
deutsche Markrechnung schließt sich wenigstens der Thalerrechnung
(1 M. = $\frac{1}{3}$ Thlr.) sehr bequem an, und gestattet, daß wir, wie
die Motive zum Gesetzentwurfe sagten, Herr im eigenen Hause
bleiben.

§ 5 bestimmt die äußere Gestalt der Reichsgoldmünzen. —
Die Seite mit dem Bildniß des Landesherrn oder dem Hoheits=
zeichen der freien Städte nennt man die Aversseite.   Auf derselben
befindet sich das Zeichen der Münzstätte, in welcher die Münze ge=
prägt wurde.   Das deutsche Reich hat 8 Münzstätten: 1) Berlin
mit dem Zeichen A, 2) Hannover mit dem Zeichen B, 3) Frank=
furt mit dem Zeichen C, 4) München mit dem Zeichen D, 5) Dresden
mit dem Zeichen E, 6) Stuttgart mit dem Zeichen F, 7) Karls=
ruhe mit dem Zeichen G, 8) Darmstadt mit dem Zeichen H.   Die

Reversseite mit dem Reichsadler ist auf allen Münzen ganz gleich; zur Sicherung möglichster Gleichartigkeit des Gepräges wurde die Urmatrize in Berlin angefertigt; mittelst dieser Urmatrize hergestellte Matrizen erhielten dann die übrigen Reichsmünzstätten zugestellt.

Die §§ 6 und 7 enthalten Bestimmungen, nach welchen die Regelung aller Münzfragen nicht mehr der Willkühr der einzelnen Staaten überlassen, sondern jederzeit den Beschlüssen der Bundes= behörden untergeben ist. Das Reich bestellt die Ausmünzung der Goldstücke und liefert das Gold; die Münzstätten führen die Bestel= lung aus und erhalten dafür eine Vergütung der Prägekosten, für das Pfund ausgemünzten Goldes 6 Mk. bei Zehnmarkstücken und 4 Mk. bei Zwanzigmarkstücken. Der Bundesrath hat ein sehr aus= giebiges System für die gegenseitige Controle, sowohl der Münz= beamten selbst als auch der geprägten Münzen, aufgestellt. Wie genau Letztere geübt wird, geht daraus hervor, daß z. B. ein Zwanzig= markstück, bei dem nur 2 1/2 Tausendtel des Normalgewichts darüber oder darunter sind, nicht ausgegeben werden darf. Aber auch das Mischungsverhältniß des Metalls ist so genau einzuhalten, daß eine Abweichung von nur 2 Tausendtheilen des Verhältnisses von 900 : 100 derartige Münzstücke in den Schmelztiegel zurückwandern läßt.

In Zusammenhang mit den §§ 6 und 7 steht § 9, weil er die höchste für den Privatverkehr gestattete Abweichung vom Normalgewicht oder das Passirgewicht festsetzt. Zur Erleichterung der diesbezüglichen Controle sind daher auf Grund des § 12 des Gesetzes Gewichtsstücke zur Eichung zugelassen, welche dem Normal= gewichte, dann eben solche, welche dem Passirgewichte gleichkommen.

Für die Aufrechterhaltung des Münzfußes ist die Vor= schrift bedeutend, daß auch Geld= und Kreditanstalten und Banken gehalten sind, angenommene Reichsgoldmünzen welche das Passirge= wicht nicht mehr erreichen, nicht wieder auszugeben. Bei der engli= schen Bank ist es üblich, jeden eingebrachten halben oder ganzen Sovereign (1 S. = 20,43 Mrk.) nach seinem Gewichte mittelst ge= nauer Maschinen zu prüfen, die unterwichtigen zu zerschneiden und so dem Einbringer zurückzugeben. Ebendeßhalb hütet sich aber der kundige Geschäftsmann, solche Goldstücke bei der Bank einzuzahlen, und deshalb bleiben gerade diese am längsten im Verkehr. Nach dem deutschen Münzgesetze übernimmt jedoch das Reich die Einziehung der abgenutzten Reichsgoldmünzen auf seine Kosten. In allen diesen Dingen übertrifft deshalb das deutsche Münzsystem selbst das so ausgezeichnete neue englische.

Der § 8 bildet einen Cardinalpunkt der Umgestaltung unserer Münzverhältnisse, weil er die Festsetzung des Goldwerthes zum Silberwerthe enthält. Aus 1 Pfd. feinen Goldes werden Gold=

münzen in einem Betrage von 1395 Mark ausgebracht; 1395 M. sind aber nach dem in § 8 enthaltenen Tarife so viel als 465 Thaler. Da nun nach der Münzkonvention von 1857 30 Thlr. aus 1 Pfd. Feinsilber ausgebracht wurden, so macht der Silbergehalt für 465 Thlr. 15½ Pfd. Feinsilber und sind deshalb 1395 Mk. in Gold oder 1 Pfd. fein Gold gleich 15½ Pfd. fein Silber, oder kurz ausgedrückt: das Verhältniß des Silbers zu Gold ist wie 1 : 15,5. Welche Bedeutung beim Uebergange in eine andere Metallwährung die Festsetzung des Werthverhältnisses von Gold und Silber hat für Zahlungsverbind= lichkeiten, welche vor dem Inslebentreten der bezüglichen Münzre= form entstanden sind, mag folgendes Beispiel zeigen.

Bei dem Verhältnisse des Silbers zum Golde wie 1 : 15,5 bezahlt ein Schuldner mit 139½ Zehnmarkstücken eine Schuld von 465 Thaler in Silber mit Gold. Ist das Verhältniß wie 1 : 16, so bezahlt er mit derselben Summe Gold eine Schuld von 480 Thlr.; fällt es aber auf 1 : 15 so kann er nur eine Schuld von 450 Thlr. ausgleichen. Man hat den ungefähren Betrag der in Deutschland auf Silberwährung lautenden Hypotheken, Pfandbriefe, Eisenbahn= Prioritäten, Staats= und Communalanleihen rc. rc. auf 7 Milliarden Thaler angesetzt. Soetbeer berechnet nun, daß bei einer Werth= relation von 1 : 15,31 — im Gegensatze zu 1 : 15,5 nach dem Ge= setze, den betr. Schuldnern insgesammt eine Mehrzahlung von ca. 187000 Pfd. Gold (ca. 261 Millionen Mark) in Betreff des Kapitals und von etwa 12 Millionen Mark an jährlichem Zins auferlegt hätte. Umgekehrt hätten die Gläubiger in ihrer Gesammt= heit bei einer Werthrelation von 1 : 15,75 an dem Werthe ihrer Forderungen 239,000 Pfd. G. (ca. 339 Millionen Mark) an Ka= pital und ca. 15 Millionen Mark an jährlichem Zinse verloren.

Auf den Edelmetallmärkten (der wichtigste ist London) ist das Werthverhältniß zwischen Gold und Silber stets im Schwanken be= griffen, je nach Angebot und Nachfrage. Als man im Reichstage dieses Münz = Gesetz berieth, war der Cours in London wie 1 : 15,48 also beinahe 1 : 15,5. Für unsere Münzreform ist es ein Glück, daß auf dem Wege der Kriegskostenentschädigungsgelder ohnehin eine große Menge Goldes in's Land kam, da sonst der massenhafte Ankauf von Gold zum Zwecke der Ausprägung von Reichsgoldmünzen den Preis des Goldes bedeutend in die Höhe getrieben haben würde.

Der Zusammenhalt dieses § mit dem im § 10 enthaltenen Verbote einer ferneren Ausmünzung von groben Silbermünzen (Gulden, Thalern rc. rc.) ließ voraussehen, daß man zur Gold= währung übergehen wollte, welche auch im zweiten Münzgesetze (S. dessen Art. 1) definitiv angenommen wurde, und somit war jede

Ungewißheit erledigt, wie es künftig mit der Berechnung der bis=
herigen kontraktlichen oder herkömmlichen Zahlungen zu halten sei.

§ 11 sollte die im Interesse der Goldwährung wünschenswerthe
Einziehung der bisherigen groben Silbermünzen erleichtern. — Von
den im § 12 erwähnten Artikeln der Maß= und Gewichtsordnung
enthält Art. 10 die Vorschrift, im öffentlichen Verkehre nur gehörig
gestempelte Maße, Gewichte und Wagen anzuwenden und Artikel
18 handelt von den Funktionen der Normal=Eichungs=Commision.

§ 13 läßt für Bayern wegen besonderer Verkehrsverhältnisse
ausnahmsweise die Halbtheilung des Pfennigs zu Rechnungszwecken
zu. (Malzaufschlag).

B.

Die Ergänzung des Münzgesetzes vom 4. Dezember 1871,
welche schon der § 6 desselben ankündigte, erfolgte durch nachstehen=
des Gesetz vom 9. Juli 1873, welches in 18 Artikeln abgefaßt ist.
Wir lassen hier die nöthigen Erläuterungen unmittelbar nach jedem
Artikel folgen.

Münzgesetz.

Wir **Wilhelm**, von Gottes Gnaden Deutscher Kaiser,
König von Preussen &c.

verordnen im Namen des Deutschen Reichs, nach erfolgter Zustimmung des
Bundesrathes und des Reichstages, was folgt:

Art. 1.   An die Stelle der in Deutschland geltenden Landeswährungen tritt die Reichsgoldwährung. Ihre Rechnungseinheit bildet die Mark, wie solche durch § 2 des Gesetzes
vom 4. Dezember 1871, betreffend die Ausprägung von Reichsgoldmünzen (Reichsgesetzbl. S. 404), festgestellt worden ist.

Der Zeitpunkt, an welchem die Reichswährung im gesammten Reichsgebiete in Kraft treten soll, wird durch eine
mit Zustimmung des Bundesrathes zu erlassende, mindestens
drei Monate vor dem Eintritt dieses Zeitpunktes zu verkün-
dende Verordnung des Kaisers bestimmt. Die Landesregierungen sind ermächtigt, auch vor diesem Zeitpunkte für ihr
Gebiet die Reichsmarkrechnung im Verordnungswege einzuführen.

Hier ist der Uebergang zur ausschließlichen Goldwährung be=
stimmt ausgesprochen. So lange jedoch die erwähnte kaiserliche
Verordnung nicht erscheint, besteht in jenen Theilen des deutschen
Reiches, in welchen nicht früher schon eine Landesregierung die
Reichsmarkrechnung einführt (S. p. 24), die Doppelwährung, d. h.

man kann Zahlungen entweder mit den neuen Goldmünzen oder mit den alten groben Silbermünzen nach dem in § 8 des erſten Münz=geſetzes aufgeſtellten Tarife leiſten.

Daß man die bisher übliche Silberwährung verlaſſen wollte, hatte ſeinen guten Grund in der zunehmenden Werthverringerung des Silbers, weshalb die meiſten Staaten außerhalb Deutſchlands entweder die thatſächliche Goldwährung ausſchließlich oder gleichzeitig mit der Silberwährung beſtehend, eingeführt hatten. Schon im täglichen Verkehr machte ſich die Unbequemlichkeit der Silbermünzen geltend, um ſo mehr im größeren Handelsverkehr. Das hatte zu einem ſehr umfangreichen Umlaufe papierener Zahlungsmittel ge=führt, die bei Schwankungen des öffentlichen Credits ſehr gefährlich werden konnten. Mit vollſtem Recht ſteuert aber die deutſche Münzpolitik der alleinigen Goldwährung zu, weil die Miſchwährun=gen nie von langer Dauer ſind und je nach den Preiſen des Edel=metalles auf dem Weltmarkte bald in vorwiegende Goldwährung, bald in Silberwährung umſchlagen. Jede Miſchwährung beruht nämlich auf einem gewiſſen Werthverhältniſſe von Gold zu Silber und ſtellt es in das Belieben der Schuldner mit Gold oder mit Silber zu bezahlen. Ihr Vortheil iſt aber ein Nachtheil für die Gläubiger. Sobald ferner irgendwo außerhalb des Landes der Miſchwährung das Gold oder das Silber höhere Preiſe erhält, als im Lande gemäß des hier beſtehenden Werthverhältniſſes, ſo werden von Spekulanten alle Gold= eventuell alle größeren Silbermünzen geſammelt, eingeſchmolzen und mit Gewinn als Gold= oder Silber=barren verkauft, ſo daß ein Mangel an Tauſchmitteln entſteht. Es iſt darum für unſere Münzordnung von großer Wichtigkeit, daß der bisherige große Vorrath an älteren Silbermünzen möglichſt ſchnell von dem Vorrath an neuen Goldmünzen überholt werde, damit ſchon dadurch der inländiſche Verkehr genöthigt iſt, im eigenen In=tereſſe die Goldmünzen feſtzuhalten. Außerdem hat ſchon das Münzgeſetz verſchiedene Schutzmittel für die Aufrechthaltung der Goldwährung geſchaffen, welche vorzüglich in den Artikeln 3, 4, 9 und 13 enthalten ſind und an jenem Orte beſprochen werden.

Art. 2. Ausser den in dem Gesetze vom 4. Dez. 1871 bezeichneten Reichsgoldmünzen sollen ferner ausgeprägt wer-den Reichsgoldmünzen zu fünf Mark, von welchen aus einem Pfunde feinen Goldes 279 Stück ausgebracht werden. Die Bestimmungen der §§ 4, 5, 7, 8 und 9 jenes Gesetzes finden auf diese Münzen entsprechende Anwendung, jedoch mit der Massgabe, dass bei denselben die Abweichung in Mehr oder Weniger im Gewicht (§ 7) vier Tausendtheile, und der Unter-

schied zwischen dem Normalgewicht und dem Passirgewicht
(§ 9) acht Tausendtheile betragen darf.

Das goldene Fünfmarkstück wird nur einen Durchmesser von
17mm. haben (etwa so groß wie ein Groschen), und hat eine Con-
currenz mit dem silbernen Fünfmarkstücke (S. nächsten Artikel) zu
bestehen; der Verkehr wird entscheiden, welche von den beiden Münzen die bessere ist. Die Toleranz im Gewichte sowohl für die Ausgabe von der Münze her, als für das Passirgewicht ist größer als
bei den höheren Goldmünzen, da bei so kleinen Münzen die Kosten
der Justirung nach den Bestimmungen für jene viel zu groß wären.

Art. 3.   Ausser den Reichsgoldmünzen sollen als Reichsmünzen und zwar
  1) als Silbermünzen:
       Fünfmarkstücke,
       Zweimarkstücke,
       Einmarkstücke,
       Fünfzigpfennigstücke und
       Zwanzigpfennigstücke;
  2) als Nickelmünzen:
       Zehnpfennigstücke und
       Fünfpfennigstücke;
  3) als Kupfermünzen:
       Zweipfennigstücke und
       Einpfennigstücke
nach Massgabe folgender Bestimmungen ausgeprägt werden:

§ 1. Bei Ausprägung der Silbermünzen wird das Pfund
feinen Silbers in
              20 Fünfmarkstücke,
              50 Zweimarkstücke,
              100 Einmarkstücke,
              200 Fünfzigpfennigstücke und in
              500 Zwanzigpfennigstücke
ausgebracht.
Das Mischungsverhältniss beträgt 900 Theile Silber und
100 Theile Kupfer, so dass 90 Mark in Silbermünzen ein
Pfund wiegen.
Das Verfahren bei Ausprägung dieser Münzen wird vom
Bundesrath festgestellt. Bei den einzelnen Stücken darf die
Abweichung im Mehr oder Weniger im Feingehalt nicht
mehr als drei Tausendtheile, im Gewicht, mit Ausnahme der
Zwanzigpfennigstücke, nicht mehr als zehn Tausendtheile
betragen. In der Masse aber müssen das Normalgewicht

und der Normalgehalt bei allen Silbermünzen innegehalten werden.

§ 2. Die Silbermünzen über ein Mark tragen auf der einen Seite den Reichsadler mit der Inschrift „Deutsches Reich" und mit der Angabe des Werthes in Mark, sowie mit der Jahreszahl der Ausprägung, auf der anderen Seite das Bildniss des Landesherrrn, beziehungsweise das Hoheitszeichen der freien Städte mit einer entsprechenden Umschrift und dem Münzzeichen. Durchmesser der Münzen, Beschaffenheit und Verzierung der Ränder derselben werden vom Bundesrathe festgestellt.

§ 3. Die übrigen Silbermünzen, die Nickel- und Kupfermünzen tragen auf der einen Seite die Werthangabe, die Jahreszahl und die Inschrift „Deutsches Reich", auf der anderen Seite den Reichsadler und das Münzzeichen. Die näheren Bestimmungen über Zusammensetzung, Gewicht und Durchmesser dieser Münzen, sowie über die Verzierung der Schriftseite und die Beschaffenheit der Ränder werden vom Bundesrathe festgestellt.

§ 4. Die Silber-, Nickel- und Kupfermünzen werden auf den Münzstätten derjenigen Bundesstaaten, welche sich dazu bereit erklären, ausgeprägt. Die Ausprägung und Ausgabe dieser Münzen unterliegt der Beaufsichtigung von Seiten des Reichs. Der Reichskanzler bestimmt unter Zustimmung des Bundesrathes die auszuprägenden Beträge, die Vertheilung dieser Beträge auf die einzelnen Münzgattungen und auf die einzelnen Münzstätten und die den letzteren für die Prägung jeder einzelnen Münzgattung gleichmässig zu gewährende Vergütung. Die Beschaffung der Münzmetalle für die Münzstätten erfolgt auf Anordnung des Reichskanzlers.

Dieser Artikel bestimmt die für den kleinen Verkehr so nothwendigen kleinen Münzen auf Grund des Marksystems. Ohne daß von ihnen eine hinreichende Menge ausgeprägt ist, kann von einer Einführung der Markrechnung keine Rede sein. Diese Münzsorten werden aus dreierlei Metall Silber, Nickel und Kupfer hergestellt und bilden die Scheidemünzen des neuen Münzsystems. Letzteres ist besonders hinsichtlich der Silbermünzen zu beachten.

Scheidemünze hat nämlich immer einen geringeren Metall- als Nennwerth; da wir zu der alleinigen Goldwährung übergehen wollen, so hat auch jedes neue, nach dem Markenfuße geprägte Silberstück nicht den Metallgehalt an Silber, den man nach seinem Nennwerth im Vergleiche mit den älteren Silberstücken annehmen

3*

müßte.   So gilt der alte Thaler 3 Mark; 30 Thaler = 90 Mark.
Da 30 Thlr. aus 1 Pfd. feinen Silbers geprägt wurden, ſo
müßte man auf 1 Markſtück ¹/₉₀ Pfd. feinen Silbers rechnen; nach
den Beſtimmungen des vorſtehenden Artikels, § 1, werden aber
aus 1 Pfd Feinſilber 100 Markſtück ausgebracht und iſt der Fein=
ſilbergehalt eines Markſtückes nur ¹/₁₀₀ Pfd. (5 gr.).   Der Werth=
aufſchlag auf die neuen Silbermünzen beträgt ſomit (90 : 100
= 10 : x) = 11¹/₉ % bei den kleinſten wie bei den größten
Silberſtücken, und dieſe ſind nichts weiteres als Anweiſungen auf
Gold; das 1=Markſtück iſt eine Anweiſung auf den 1395. Theil
von 1 Pfd. oder 0,358 gr. Feingold; oder praktiſcher ausgedrückt:
mit je 5, 10, oder 20 ſilbernen Markſtücken erwerbe ich mir das
Anrecht auf den Eintauſch eines der gleichnamigen und allein voll=
werthigen Goldſtücke.   Es iſt deshalb Vorſorge zu treffen, und das
Publikum ſoll dazu alle mögliche Beihilfe leiſten, daß die Silber=
münzen nicht mehr in den bisher gewöhnten größeren Beträgen in
Verkehr treten, ſondern nur ſoweit ſie zur Ausgleichung von Zah=
lungen kleinerer Beträge erforderlich ſind; der Artikel 9 dieſes Ge=
ſetzes (ſ. d.) gibt hiezu hinreichenden Vorſchub. — Die Nickelmünzen
beſtehen aus einer Miſchung von 75 Theilen Kupfer und 25 Theilen
eines in Deutſchland bisher nur bei der Herſtellung von Neuſilber
oder Argentan gebrauchten Metales, des Nickels. Dieſes findet ſich
theils in eigentlichen Nickelmineralien, theils in manchen Magnet=
und Schwefelkieſen, in der Kobaltſpeiſe, in vielen Braunſteinſorten,
zuweilen auch in Kupferſchiefer.   Das deutſche Reich produzirte im
Jahre 1871 ca. 6800 Ctr.; außerdem iſt die Nickelproduktion ſehr
bedeutend in Oeſterreich und in Schweden und Norwegen.   Das
reine Nickel iſt faſt ſilberweiß mit einem ſchwachen Stich in's
Gelbliche, ſtrengflüßig, ziemlich hart, ſehr dehnbar und politurfähig;
chemiſchen Agentien widerſteht es beſſer als Eiſen.   Nickelmünzen
nehmen weniger Schmutz an, als die bisherigen Silberſcheidemünzen
(Sechſer, Groſchen, Kreuzer, ¹/₁₂ Thaler ꝛc. ꝛc.) und nützen ſich
nicht ſo ſchnell ab; diesbezügliche Erfahrungen hat man in Belgien
und in der Schweiz gemacht, wo dieſe Münzen nicht unbeliebt ſind.
Die Münztechniker ziehen ſie auch aus dem Grunde den kleineren
Silberſcheidemünzen vor, weil dieſe nach einigem Gebrauche von
ihrem Silbergehalte nur noch eine ſchwache Spur erſcheinen laſſen
und ſo die Verwendung des Silbers als eine Verſchwendung
betrachtet werden muß.
    Die näheren Beſtimmungen über Zuſammenſetzung, Gewicht
und Durchmeſſer ſowohl der Nickel=, als auch der Kupfermünzen
hat der Reichstag in Uebereinſtimmung mit dem Geſetzentwurfe aus
Zweckmäßigkeitsgründen dem Bundesrathe überlaſſen.

Art. 4. Der Gesammtbetrag der Reichssilbermünzen soll bis auf Weiteres zehn Mark für den Kopf der Bevölkerung des Reichs nicht übersteigen.

Bei jeder Ausgabe dieser Münzen ist eine dem Werthe nach gleiche Menge der umlaufenden groben Landessilbermünzen und zwar zunächst, der nicht dem Dreissigthalerfusse angehörenden einzuziehen. Der Werth wird nach der Vorschrift im Art. 14 § 2 berechnet.

Art. 5. Der Gesammtbetrag der Nickel- und Kupfermünzen soll zwei und eine halbe Mark für den Kopf der Bevölkerung des Reiches nicht übersteigen.

Die in beiden Artikeln enthaltene Beſchränkung der Ausprägung von Reichsſcheidemünzen geſchah im Intereſſe der Goldwährung. Die Vertheilung der Ausprägung auf die einzelnen Münzſorten war vor der Einſtellung des ſilbernen Zweimark und goldenen Fünfmarkſtückes in nachſtehenden Beträgen veranſchlagt:

a) Silber:

ca. 50	Millionen	Mark	in Fünfmarkſtücken
„ 150	„	„	„ Einmarkſtücken
„ 100	„	„	„ Fünfzig = Pfennigſtücken
„ 100	„	„	„ Zwanzig = Pfennigſtücken
Summa: 400	„	„	auf 41 Millionen Einwohner des deutſchen Reiches.

b) Nickel und Kupfer:

45	Millionen	Mark	in Zehn = Pfennigſtücken
30	„	„	„ Fünf = „
15	„	„	„ Zwei = „
10	„	„	„ Ein = „

Summa: 100 Millionen Mark in 2800 Millionen = Stücken. Aus dieſen Angaben läßt ſich die gegenwärtige große Aufgabe der 8 Münzſtätten des deutſchen Reiches zur Genüge erſehen.

Art. 6. Von den Landesscheidemünzen sind:

1) die auf andere als Thalerwährung lautenden, mit Ausschluss der bayerischen Heller und der mecklenburgischen nach dem Marksysteme ausgeprägten Fünf-, Zwei- und Einpfennigstücke,

2) die auf der Zwölftheilung des Groschens beruhenden Scheidemünzen zu 2 und 4 Pfennigen,

3) die Scheidemünzen der Thalerwährung, welche auf
    einer anderen Eintheilung des Thalers, als der in 30
    Groschen beruhen, mit Ausnahme der Stücke im Werthe
    von $^1/_{12}$ Thaler,

bis zu dem Zeitpunkte des Eintritts der Reichswährung (Art. 1)
einzuziehen.

Nach diesem Zeitpunkte ist Niemand verpflichtet, diese
Scheidemünzen in Zahlung zu nehmen, als die mit der Einlösung derselben beauftragten Kassen.

In diesem Artikel liegt das Todesurtheil für sämmtliche
süddeutsche und einen kleinen Theil der norddeutschen Scheide=
münzen; dessen Vollzug behält der nachfolgende Artikel dem
Reichskanzler vor.

Art. 7. Die Ausprägung der Silber-, Nickel- und Kupfermünzen (Art. 3), sowie die vom Reichskanzler anzuordnende
Einziehung der Landessilbermünzen und Landesscheidemünzen
erfolgt auf Rechnung des Reiches.

Die Einziehung nicht allein der Landessilbermünzen sondern
auch der Landesscheidemünzen geschieht auf Rechnung des Reiches;
und entspricht der Idee einer deutschen Münzeinigung vollständig;
ohnehin wäre die Einziehung der Scheidemünzen auf Kosten der
einzelnen Regierungen aus dem Grunde nicht möglich gewesen,
weil bei einem großen Theile derselben durch allzulangen Gebrauch
das Gepräge völlig unkenntlich geworden ist, und mithin gar nicht
festgestellt werden könnte, welche von den betreffenden deutschen Re=
gierungen die Kosten der Einziehung tragen müßte. Die Einziehung
auf Reichskosten ist eine nicht zu unterschätzende Conzession an
Süddeutschland, die gegenüber den Härten, welche die Einführung
des neuen Münzsystems für Süddeutschland anfangs im Gefolge
hat, wohl in Anschlag zu bringen ist.

Art. 8. Die Anordnung der Ausserkurssetzung von Lan-
desmünzen und Feststellung der für dieselbe erforderlichen
Vorschriften erfolgt durch den Bundesrath.

Die Bekanntmachungen über Ausserkurssetzung von Lan-
desmünzen sind, ausser in den zu der Veröffentlichung von
Landesverordnungen bestimmten Blättern auch durch das
Reichs-Gesetzblatt zu veröffentlichen.

Eine Ausserkurssetzung darf erst eintreten, wenn eine
Einlösungsfrist von mindestens vier Wochen festgesetzt und
mindestens drei Monate vor ihrem Ablaufe durch die vor-
bezeichneten Blätter bekannt gemacht worden ist.

Nachdem auf dem ganzen Reichsgebiete, der Münzumlauf ein einheitlicher werden soll, so ist es auch folgerichtig und zweckmäßig, daß nicht die einzelnen Landesregierungen, sondern eine Centralbehörde, hier der aus Vertretern sämmtlicher Regierungen zusammengesetzte Bundesrath, die Befugniß hat die zum Vollzuge des Münzgesetzes nothwendigen Vorkehrungen zu treffen.

Art. 9. Niemand ist verpflichtet, Reichssilbermünzen im Betrage von mehr als zwanzig Mark und Nickel- und Kupfermünzen im Betrage von mehr als einer Mark in Zahlung zu nehmen.

Von den Reichs- und Landeskassen werden Reichssilbermünzen zu jedem Betrage in Zahlung genommen. Der Bundesrath wird diejenigen Kassen bezeichnen, welche Reichsgoldmünzen gegen Einzahlung von Reichssilbermünzen in Beträgen von mindestens 200 Mark oder von Nickel- und Kupfermünzen in Beträgen von mindestens 50 Mark auf Verlangen verabfolgen. Derselbe wird zugleich die näheren Bedingungen des Umtausches festsetzen.

In den strengen Bestimmungen dieses Artikels liegt eine wichtige Garantie für die Aufrechterhaltung der reinen Goldwährung und eines soliden Münzwesens. Die Geschäftsusanz wird es übrigens im Zusammentritte mit einer durch die Ausführung der Art. 4 und 5 zu bewirkenden Verminderung der Scheidemünzen bis etwas unter den Bedarf dahin bringen, daß man im Verkehr auch höhere, wenn auch nicht allzuhohe, Summen von Silber=, Nickel= und Kupfermünzen annehmen wird; überdies müssen die Reichs= und Landeskassen, worunter jedoch die Communalkassen, sowie die Geld= und Kreditinstitute und Banken nicht verstanden werden (siehe dagegen § 9 des Gesetzes vom 4. Dezbr. 1871), Reichssilbermünzen in jedem Betrage annehmen. Nur Nickel und Kupfermünzen brauchen auch da nicht in höheren Beträgen als 1 Mark angenommen zu werden.

Art. 10. Die Verpflichtung zur Annahme und zum Umtausch (Art. 9) findet auf durchlöcherte und anders, als durch den gewöhnlichen Umlauf im Gewicht verringerte, ingleichen auf verfälschte Münzstücke keine Anwendung.

Reichs-Silber-, Nickel- und Kupfermünzen, welche in Folge längerer Circulation und Abnutzung an Gewicht oder Erkennbarkeit erheblich eingebüsst haben, werden zwar noch in allen Reichs- und Landeskassen angenommen, sind aber auf Rechnung des Reichs einzuziehen.

Für die Einziehung abgenützter Reichsſcheidemünzen fehlt noch die nähere Beſtimmung der Abnützungsgränze, (des Paſſirgewichts) wie ſolche für die Goldmünzen in den Münz = Geſetzen enthalten iſt. Hierüber ſind erſt Erfahrungen abzuwarten. In Frankreich, Belgien, Schweiz und Italien gilt eine Abnützung von 5% an Gewicht als äußerſte Gränze der Cirkulationsfähigkeit.

Art. 11. Eine Ausprägung von anderen, als den durch dieses Gesetz eingeführten Silber-, Nickel- und Kupfermünzen findet nicht ferner Statt. Die durch die Bestimmung im § 10 des Gesetzes, betr. die Ausprägung von Reichsgoldmünzen, vom 4. Dez. 1871 (Reichs-Gesetzbl. S. 404) vorbehaltene Befugniss, Silbermünzen als Denkmünzen auszuprägen, erlischt mit dem 31. Dez. 1873.

Art. 12. Die Ausprägung von Reichsgoldmünzen geschieht auch ferner nach Massgabe der Bestimmung im § 6 des Gesetzes, betr. die Ausprägung von Reichsgoldmünzen, vom 4. Dez. 1871 (Reichsgesetzbl. S. 404), auf Rechnung des Reichs.

Privatpersonen haben das Recht, auf denjenigen Münzstätten, welche sich zur Ausprägung auf Reichsrechnung bereit erklärt haben, Zwanzigmarkstücke für ihre Rechnung ausprägen zu lassen, soweit diese Münzstätten nicht für das Reich beschäftigt sind.

Die für solche Ausprägungen zu erhebende Gebühr wird vom Reichskanzler mit Zustimmung des Bundesrathes festgestellt, darf aber das Maximum von 7 Mark auf das Pfund fein Gold nicht übersteigen.

Die Differenz zwischen dieser Gebühr und der Vergütung, welche die Münzstätte für die Ausprägung in Anspruch nimmt, fliesst in die Reichskasse. Diese Differenz muss für alle deutschen Münzstätten dieselbe sein.

Die Münzstätten dürfen für die Ausprägung keine höhere Vergütung in Anspruch nehmen, als die Reichskasse für die Ausprägung von Zwanzigmarkstücken gewährt.

Während Art. 11 ohne Weiteres verſtändlich iſt, enthält Art. 12 wichtige Beſtimmung für die höhere Finanzwelt, indem er Privatperſonen das Recht einräumt, Zwanzigmarkſtücke für ihre Rechnung ausprägen zu laſſen. Es iſt dadurch die Möglichkeit gegeben, daß bei einem etwa im großen Verkehre fühlbar werdenden Mangel an Goldmünzen die zunächſt davon Betroffenen, als: Bankinſtitute, große Geſchäftshäuſer u. dgl. im Stande ſind, Abhilfe zu ſchaffen, indem ſie beſtimmten Münzſtätten Barrengold übergeben, um es

ausmünzen zu lassen oder gegen schon vorräthige Münzen umzu=
tauschen. In Frankreich, Belgien und England, wo die Privat=
ausprägung ebenfalls besteht, sind Beschränkungen zu Gunsten der
Ausprägung kleinerer Goldmünzen gemacht, welche im deutschen
Münzgesetze fehlen. Es wird deshalb auch nach dem Eintritt der
Privatausprägung Sache der Reichsregierung sein, durch eigene
Ausprägung von Zehn= und Fünfmarkstücken für einen hinreichenden
Vorrath von diesen Münzsorten im allgemeinen Interesse des beque=
men Münzumlaufes zu sorgen.

Art. 13. Der Bundesrath ist befugt:

1) den Werth zu bestimmen, über welchen hinaus fremde
Gold- und Silbermünzen nicht in Zahlung angeboten
und gegeben werden dürfen, sowie den Umlauf fremder Münzen gänzlich zu untersagen;

2) zu bestimmen, ob ausländische Münzen von Reichs-
oder Landeskassen zu einem öffentlich bekannt zu
machenden Kurse im inländischen Verkehr in Zahlung
genommen werden dürfen, auch in solchem Falle den
Kurs festzusetzen.

Gewohnheitsmässige oder gewerbsmässige Zuwiderhand-
lungen gegen die vom Bundesrathe in Gemässheit der Bestimmungen unter 1 getroffenen Anordnungen werden bestraft
mit Geldstrafe bis zu 150 Mark oder mit Haft bis zu sechs
Wochen.

In diesem Artikel sind dem Bundesrathe bedeutende Mittel an
die Hand gegeben, für die Aufrechterhaltung der Goldwährung ein=
zuschreiten. Bei der früher zumal in Süddeutschland beliebten
Gewohnheit, allen fremden Münzen Eingang zu gestatten, ist die Ge=
fahr vorhanden, daß fremde vollwichtige Silbermünzen sich im in=
ländischen Verkehre einbürgern und einen Abfluß von deutschen Gold=
münzen nach dem Auslande herbeiführen, zum Schaden des mit so
vielen Opfern angebahnten neuen Münzsystems: Der Bundesrath
kann zur Abwendung dieser Gefahr fremden Münzen einen bestimm=
ten Werth als höchstes Maß auferlegen oder deren Umlauf gänzlich
verbieten. Daß hiebei auf die Verkehrs = Verhältnisse an den Reichs=
gränzen sowie auf die Kassen der Eisenbahnen, welche fremde Münzen,
besonders Goldmünzen oft unmöglich zurückweisen können, Rücksicht
genommen werden muß, ist selbstverständlich.

Art. 14. Von dem Eintritt der Reichswährung an gelten
folgende Vorschriften:

§ 1. Alle Zahlungen, welche bis dahin in Münzen einer
inländischen Währung oder in landesgesetzlich den inländi-,

schen Münzen gleichgestellten ausländischen Münzen zu leisten waren, sind vorbehaltlich der Vorschriften Art. 9, 15 und
16 in Reichsmünzen zu leisten.

§ 2. Die Umrechnung solcher Goldmünzen, für welche
ein bestimmtes Verhältniss zu Silbermünzen gesetzlich nicht
feststeht, erfolgt nach Massgabe des Verhältnisses des gesetzlichen Feingehalts derjenigen Münzen, auf welche die Zah-
lungsverpflichtung lautet, zu dem gesetzlichen Feingehalte der
Reichsgoldmünzen.

Bei der Umrechnung anderer Münzen werden
           der Thaler zum Werthe von 3 Mark,
           der Gulden süddeutseher Währung zum Werthe von
           1 $^5/_7$ Mark,
           die Mark lübischer oder hamburgischer Courantwährung
           zum Werthe von 1 $^1/_5$ Mark,
die übrigen Münzen derselben Währungen zu entsprechenden
Werthen nach ihrem Verhältniss zu dem genannten berechnet.

Bei der Umrechnung werden Bruchtheile von Pfennigen
der Reichswährung zu einem Pfennig berechnet, wenn sie
einen halben Pfennig oder mehr betragen, Bruchtheile unter
einem halben Pfennig werden nicht gerechnet.

§ 3. Werden Zahlungsverpflichtungen nach Eintritt der
Reichswährung unter Zugrundelegung vormaliger inländischer
Geld- oder Rechnungswährungen begründet, so ist die Zahl-
ung vorbehaltlich der Vorschriften Art. 9, 15 und 16 in
Reichsmünzen unter Anwendung der Vorschriften des § 2
zu leisten.

§ 4. In allen gerichtlich oder notariell aufgenommenen
Urkunden, welche auf einen Geldbetrag lauten, desgleichen
in allen zu einem Geldbetrag verurtheilenden gerichtlichen
Entscheidungen ist dieser Geldbetrag, wenn für denselben ein
bestimmtes Verhältniss zur Reichswährung gesetzlich feststeht,
in Reichswährung auszudrücken, woneben jedoch dessen gleich-
zeitige Bezeichnung nach derjenigen Währung, in welcher
ursprünglich die Verbindlichkeit begründet war, gestattet
bleibt.

Hier wird für alle Streitfälle, welche hinsichtlich der Erfüllung
älterer Zahlungspflichten, vom Augenblicke der alleinigen Giltigkeit
der Reichswährung an, aus dem Grunde entstehen könnten, weil das
Verhältniß zwischen Silber= und Goldwährung verschiedene Deu-
tungen zulassen könnte, ein gesetzlicher Entscheidungs= oder Verein-
barungsgrund gegeben; derselbe stützt sich auf den § 8 des ersten
Gesetzes v. 4. Dezbr. 1871. Der Artikel bezieht sich zunächst nur

auf die jetzt bestehenden Landeswährungen, nicht aber auf frühere,
nun aufgehobene Währungen (vide II. Cap.); gleichwohl bestehen
noch bei Stiftungen u. dgl. Schuldverschreibungen auf Grund
längst nicht mehr bestehender Währungen. In solchen Fällen wird
insoferne es sich um ältere Goldmünzen handelt, der damalige ge=
setzliche Feingehalt dieser Münzen im Verhältnisse zum Feingehalte
unserer neuen Reichsgoldmünzen als Maßstab der Berechnung ge=
nommen. Bei älteren Silbermünzen, deren Währung schon jetzt
nicht mehr besteht, kann nicht deren Feingehalt im Verhältniß zum
Feingehalt der neuen Reichssilbermünzen in Berechnung kommen,
sondern das Verhältniß ihres Werthes zu der zuletzt noch bestan=
denen Landessilberwährung; erst hieraus wird das Aequivalent
neuer deutscher Goldmünzen bestimmt. Welcher Unterschied hierin
besteht, zeigt uns folgendes Beispiel. Nach dem alten Leipziger
Münzfuße wurden 12 Thlr. aus 1 Mark oder 233,855 gr. Fein=
silber ausgebracht; da nun aus 1 Pfd. oder 500 gr. Feinsilber
100 Mark Reichssilbermünze ausgebracht werden, so wären 12 Thlr.
Leipziger Münzfuß = 46,711 Mark. — Es wird aber nach dem
Reichsmünzgesetze das Silber beträchtlich über seinen wirklichen
Werth ausgebracht, weil sämmtliche Reichsscheidemünzen nur als
Scheidemünzen zu betrachten sind (vide p. 35); deßhalb wäre obige
Berechnung falsch und muß vielmehr so lauten: 12 Thlr. Lpzgr. =
14 Thlr. preußisch: 1 Thlr. prß. = 3 Mark, also sind 12 Thlr. Lpz.
= 42 Mark.

Der § 4 dieses Artikels dient dazu, daß das Publikum, be=
sonders das in Süddeutschland, schneller mit der Reichswährung
vertraut und ihm in den betreffenden Fällen durch die betheiligten
Amtspersonen die Mühe der Umrechnung abgenommen wird. Ein
Vorgang ähnlicher Art ist die Ausgabe der Eisenbahnbillete neueren
Tarifs in Bayern, welche die Fahrtaxe sowohl in süddeutscher, als
auch in Reichswährung angeben.

Art. 15. An Stelle der Reichsmünzen sind bei allen
Zahlungen bis zur Ausserkurssetzung anzunehmen:

1) im gesammten Bundesgebiete an Stelle aller Reichsmünzen die Ein- und Zweithalerstücke deutschen Gepräges unter Berechnung des Thalers zu 3 Mark;

2) im gesammten Bundesgebiete an Stelle der Reichs-
   Silbermünzen, Silbercourantmünzen deutschen Gepräges
   zu ⅓ und ⅙ Thaler unter Berechnung des ⅓ Thalerstückes zu 1 Mark und des ⅙ Thalerstückes zu einer
   halben Mark;

3) in denjenigen Ländern, in welchen gegenwärtig die

Thalerwährung gilt, an Stelle der Reichs-Nickel- und
Kupfermünzen die nachbezeichneten Münzen der Thalerwährung zu den daneben bezeichneten Werthen:

$1/12$ Thalerstücke zum Werthe von 25 Pfennig,
$1/15$ „   „   „   „ 20   „
$1/30$ „   „   „   „ 10   „
$1/2$ Groschenstücke   „   „   „ 5   „
$1/5$ „   „   „   „ 2   „
$1/10$ und $1/12$ „   „   „   „ 1   „

4) in denjenigen Ländern, in welchen die Zwölftheilung
des Groschens besteht, an Stelle der Reichs-Nickel-
und Kupfermünzen die auf der Zwölftheilung des
Groschens beruhenden Dreipfennigstücke zum Werthe
von 2½ Pfennig;

5) in Bayern an Stelle der Reichskupfermünzen die Hel-
lerstücke zum Werthe von ½ Pfennig;

6) in Mecklenburg an Stelle der Reichskupfermünzen die
nach dem Marksysteme ausgeprägten Fünfpfennigstücke, Zweipfennigstücke und Einpfennigstücke zum
Werthe von 5, 2 und 1 Pfennig.

Die sämmtlichen sub 3 und 4 verzeichneten Münzen sind
an allen öffentlichen Kassen des gesammten Bundesgebietes
zu den angegebenen Werthen bis zur Ausserkurssetzung in
Zahlung anzunehmen.

Dieser Artikel beschleunigt die Inkraftsetzung der neuen Münzverfassung, indem durch die Herübernahme der in das neue System
passenden Münzen des Thalerfußes der vorläufige Bedarf an neuer
Scheidemünze erheblich eingeschränkt wird. Für Süddeutschland ist
diese Beschleunigung nur dann gegeben, wenn man sich entschließt,
wenigstens die ⅓ und ⅕ Thalerstücke in Verkehr zu nehmen,
wozu aber keine Lust vorhanden ist.

Art. 16. Deutsche Goldkronen, Landesgoldmünzen und
landesgesetzlich den inländischen Münzen gleichgestellte ausländische Goldmünzen, sowie grobe Silbermünzen, welche einer
anderen Landeswährung als der Thalerwährung angehören,
sind bis zur Ausserkurssetzung in Zahlung anzunehmen, soweit
die Zahlung nach den bisherigen Vorschriften in diesen Münzsorten angenommen werden musste.

Von den hier miteinbegriffenen Münzen sind die preußischen
Friedrichsd'or und kurhessischen Pistolen, ferners die bayerischen
Landesgoldmünzen sowie die Kronen- und Conventionsthaler bereits
seit 30. Juli 1874 die Zweigulbenstücke seit 31. Dezember desselben Jahres außer Cours gesetzt.

Art. 17. Schon vor Eintritt der Reichsgoldwährung
können alle Zahlungen, welche gesetzlich in Münzen einer
inländischen Währung oder in ausländischen, den inländischen
Münzen landesgesetzlich gleichgestellten Münzen geleistet
werden dürfen, ganz oder theilweise in Reichsmünzen, vorbehaltlich der Vorschrift Art. 9, dergestalt geleistet werden,
dass die Umrechnung nach den Vorschriften Art. 14 § 2 erfolgt.

Dieser Artikel hat den Umlauf der neuen Reichsmünzen und
zwar auch der Reichsscheidemünzen schon vor der allgemeinen Ein=
führung der Reichsmarkwährung ermöglicht.

Art. 18. Bis zum 1. Januar 1876 sind sämmtliche nicht
auf Reichswährung lautenden Noten der Banken einzuziehen.
Von diesem Termine an dürfen nur solche Banknoten, welche
auf Reichswährung in Beträgen von nicht weniger als 100
Mark lauten, in Umlauf bleiben oder ausgegeben werden.

Dieselben Bestimmungen gelten für die bis jetzt von Cor-
porationen ausgegebenen Scheine.

Das von den einzelnen Bundesstaaten ausgegebene Papiergeld ist spätestens bis zum 1. Januar 1876 einzuziehen und
spätestens 6 Monate vor diesem Termine öffentlich aufzuru-
fen. Dagegen wird nach Massgabe eines zu erlassenden Reichs-
gesetzes eine Ausgabe von Reichs-Papiergeld stattfinden. Das
Reichsgesetz wird über die Ausgabe und den Umlauf des
Reichs-Papiergeldes, sowie über die den einzelnen Bundessta-
ten zum Zweck der Einziehung ihres Papiergeldes zu gewäh-
renden Erleichterungen die näheren Bestimmungen treffen.

Urkundlich unter Unserer Höchsteigenhändigen Unterschrift und beigedrucktem Kaiserlichen Insiegel.

Gegeben Bad Ems, den 9. Juli 1873.

(L. S.) **Wilhelm.**

Fürst v. Bismarck.

Nachdem die vielen in Umlauf gesetzten Goldmarkstücke eine
große Erleichterung des Geldtransportes gebracht haben, ist auch
ein sehr bedeutender Entschuldigungsgrund für die bisher in so un=
geheuerer Masse ausgegebenen Banknoten (nach Hirths Annalen be=
stund im Jahre 1872 ein Notenumlauf von 450 Millionen Thalern,
davon 175 Millionen ohne Deckung) weggefallen.

Da außer den Banknoten auch noch Staatspapiergeld zu einem
Betrage von ca. 52 Millionen Thalern in Umlauf ist, so würde
bei fernerem Bestehen einer so großen Menge Creditgeldes das Ver-

bleiben der Goldwährung ebenso in Frage gestellt werden, wie durch übermäßigen Umlauf von Silbergeld.

Vorstehender Artikel bahnt für eine endgiltige Regelung dieser Frage nur den Weg, indem er bestimmt, daß vom ersten Januar 1876 an Banknoten von weniger als 100 Mark (= 33⅓ Thaler oder 58 fl. 20 kr.) nicht mehr in Umlauf bleiben oder ausgegeben werden dürfen. Das bisher von den einzelnen Landesregierungen ausgegebene Staatspapiergeld muß ebenfalls bis 1. Januar 1876 eingezogen sein. Ueber die weitere Ordnung der Creditgeldfrage muß hauptsächlich das Bankgesetz entscheiden, dessen Entwurf dem Reichstage in dessen nächster Session mitgetheilt werden wird.

Ueber das Reichspapiergeld besteht seit dem 30. April 1874 ein Gesetz wornach der Reichskanzler ermächtigt ist, Reichskassenscheine zum Gesammtbetrage von 120 Millionen Mark in Abschnitten zu 5, 20 und 50 Mark auszufertigen und unter die Bundesstaaten nach Maßgabe der durch die Zählung am 1. Dezember 1872 fest-gestellten Bevölkerung zu vertheilen. Es ist wünschenswerth daß der Betrag von 120 Millionen nie überschritten werde, da schon diese Summe als eine bedenkliche Zugabe zur Ordnung der deutschen Geldverhältnisse angesehen werden muß.

IV. Resolviren und Reduziren.

A. der Goldmünzen.

Das Fünfmarkstück = 5 Mark.
Das Zehnmarkstück = 10 Mark.
Das Zwanzigmarkstück = 20 Mark.

1. Wie viele Mark sind: a) 7, b) 11, c) 100, d) 1370 Fünf-markstücke?

Wechsle a) 15, b) 35, c) 60, d) 575 Mark in Fünfmark-markstücke um!

2. Wie viele Mark sind: a) 3, b) 8, c) 14, d) 50, e) 90, f) 500 Zehnmarkstücke? Verwandle a) 20, b) 70, c) 140, d) 280, e) 360 Mark in Zehnmarkstücke!

3. Wie viele Mark sind: a) 4, b) 9, c) 16, d) 21, e) 40, f) 700 Zwanzigmarkstücke? In wie viele Zwanzigmarkstücke lassen sich a) 60, b) 180, c) 360, d) 480 Mark verwandeln?

4. Wenn 1000 Mark erlegt werden sollen, a) mit wie vielen

Fünfmarkstücken kann das geschehen, dgl. b) mit wie vielen Zehn=
markstücken, c) mit wie vielen Zwanzigmarkstücken?

5. In einer Rolle sind 50 Fünfmarkstücke, in der zweiten
50 Zehnmarkstücke, in der dritten 50 Zwanzigmarkstücke; wie viele
Mark sind das zusammen?

6. Wie viel mal gilt das Zehnmarkstück mehr, als das Fünf=
markstück, dagegen dieses weniger als jenes?

7. Wie viel mal ist das Zwanzigmarkstück mehr werth, als
das Zehnmarkstück und als das Fünfmarkstück?

8. Wie verhält sich das Einmarkstück zum Fünf=, Zehn= und
Zwanzigmarkstück, das Fünfmarkstück zum Zehn= und Zwanzigmark=
stück, das Zehnmarkstück zum Zwanzigmarkstück?

9. A hat 225 Fünfmarkstücke, B 128 Zehnmarkstücke, C 69 Zwan=
zigmarkstücke; welche dieser 3 Personen hat die meisten Mark?

B. der Silbermünzen.

Das Fünfmarkstück   = 5 Mark.
Das Zweimarkstück   = 2 Mark.
Das Einmarkstück   = 100 Pfennig.
Das Halbmarkstück   = 50   „
Das Fünftelmarkstück = 20   „

10. Wie viele Mark geben a) 4, b) 12, c) 42, d) 370 Zwei=
markstücke? a) 50, b) 78, c) 144, d) 268 Mark sollen in Zwei=
markstücken ausgezahlt werden.

11. Wie viele Pfennige sind a) 3, b) 12, c) 15, d) 20,
e) 50, f) 74, g) 300 Mark?

12) Wie viele Pfennige sind a) 3 Mark 10 Pfennige, b) 9 Mk.
35 Pfg., c) 14 Mk. 21 Pfg. d) 30 Mk. 50 Pfg.?

13. Wie viele Mark sind a) 200 Pfg., b) 700 Pfg., c) 3000 Pfg.
d) 50000 Pfg., e) 116 Pfg., f) 374 Pfg., g) 881 Pfg., h) 1174 Pfg.
i) 3589 Pfg.?

14. Wie viele Pfennige sind a) 3, b) 7, c) 11, d) 29,
e) 50 Halbemarkstücke?

Mit wie vielen Halbenmarkstücken lassen sich a) 350, b) 800,
c) 1050, d) 4350 Pfg. zahlen?

15. Wie viele Pfg. sind a) 3, b) 5, c) 28, d) 75, e) 132
Fünftelsmarkstücke?

Zahle a) 60, b) 140, c) 380, d) 580 Pfg. mit Fünftels=
markstücken!

16. Mit welchen 3 Silberstücken lassen sich 8 Mark erlegen?

Mit welchen gröberen Silbermünzen zahlt man a) 13, b) 27,
c) 54, d) 72 Mark?

17. Wie viele Mark geben zusammen a) 6 Fünfmarkstücke, 8 Zweimarkstücke und 9 Einmarkstücke, b) 12 Fünfmarkstücke, 6 Zweimarkstücke und 7 Einmarkstücke?

18. Wie viele Pfennige sind a) $^1/_2$ Mk., b) $^1/_5$ Mk., c) $^3/_4$ Mk., d) $^3/_5$ Mk., e) $^7/_{10}$ Mk., f) $^9/_{20}$ Mk., g) $^7/_{25}$ Mk., h) $2^1/_{50}$ Mk.?

19. Welcher Theil einer Mark sind a) 1, b) 3, c) 5, d) 7 Zehnpfennigstücke?

20. Wie viele Pfennige sind a) $4^1/_2$ Mk., b) $7^1/_5$ Mk., c) $18^3/_4$ Mk., d) $27^1/_2$ Mk., e) $120^1/_{20}$ Mk., f) $145^{11}/_{50}$ Mk.?

21. Mit welchen 3 Münzen zahlt man 170 Pfg.? Mit wel=chen kleinen Silbermünzen zahlt man a) 250 Pfg., b) 320 Pfg., c) 470 Pfg.?

22. Wie viele Pfennige sind zusammen a) 3 Mk., 4 Zweimark=stücke, 5 Halbenmarkstücke und 2 Fünftelsmarkstücke? b) 1 Zwan=zigmarkstück, 1 Zehnmarkstück, 1 Fünfmarkstück, 1 Einmarkstück, 1 Fünfzig=Pfennigstück und 1 Zwanzigpfennigstück?

23. Wie verhält sich a) 1 Mark zu $^1/_2$ Mark, b) zu 2 Pfen=nig, c) zu 20 Pfg., d) zu 1 Fünfmarkstück?

24. Wie viel mal ist 1 Mark mehr werth als 1 Pfg., dagegen 1 Pfg. weniger werth als 1 Mk.?

C. der Nickel- und Kupfermünzen.

Das Zehnpfennigstück = 10 Pfennig.
Das Fünfpfennigstück = 5   „
Das Zweipfennigstück = 2   „
Das Einpfennigstück = 1   „

25. Wie viele Pfg. geben a) 7, b) 9, c) 15, d) 25 Zehner? Wie viele Zehner sind a) 30, b) 70, c) 110, d) 150 Pfg.?

26. Verwandle a) 7, b) 14, c) 21 Fünfpfennigstücke in Pfennige, dagegen a) 75, b) 100, c) 175 Pfennige in Fünfer!

27. Wie viele Pfennige sind a) 9, b) 17, c) 27 Zweier? Wie viele Zweier sind a) 24, b) 38, c) 56, d) 98 Pfennige?

28) Welcher Theil einer Mark sind a) 1 Pfg., b) 3 Pfg., c) 10 Pfg., d) 20 Pfg., e) 25 Pfg., f) 45 Pfg., g) 50 Pfg., h) 99 Pfg.?

29. Wie viele Pfennige sind zusammen a) $^1/_2$ und $^3/_5$ Mk., b) $^4/_5$, $^1/_4$ und $^7/_{10}$ Mk., c) $^2/_5$, $^1/_4$ und $^2/_{25}$ Mk., d) $^9/_{20}$ und $^{13}/_{50}$ Mk.?

30. Mit welchen gekürzten Bruchzahlen von 1 Mark lassen sich darstellen a) 45 Pfg., b) 16 Pfg., c) 50 Pfg. d) 20 Pfg., e) 80 Pfg., f) 35 Pfg., g) 62 Pfg., h) 98 Pfg.?

31. Was ist mehr: a) $^3/_4$ Mk. oder 70 Pfg., b) $^4/_5$ Mk. oder

78 Pfg., c) 31 Pfg. oder $^3/_7$ Mk., d) $^1/_2$ Mk. oder 49 Pfg.,
e) $^{19}/_{20}$ Mk. oder 99 Pfg.?

32. Mit welchen kleineren Münzen zahlt man: a) 188 Pfg.,
womit ebenso b) 271 Pfg., c) 425 Pfg., d) 745 Pfg.?

V. Das Nothwendigste über die Dezimalbrüche.

Das neue Münzsystem setzt, wie das metrische Maß= und Ge=
wichtssystem, die Kenntniß der Dezimalbrüche voraus. Erst durch
diese werden die Vortheile, welche bezeichnete Systeme bieten und
die man bei ihrer Aufstellung im Auge hatte, zur vollen Wahrheit.
Ist auch die Berechnung unendlicher Dezimalbrüche, das Verviel=
fachen und Theilen von Dezimalbrüchen mit solchen u. dgl. nur in
seltenen Fällen nothwendig, so kann denn doch der gemeine Mann
die Kenntniß des Wesens der Dezimalbrüche nicht entbehren. Die
Aufnahme der nöthigsten Begriffe hiefür in ein für das Volk
bestimmtes Werkchen dürfte also um so mehr gerechtfertigt erscheinen,
da die Dezimalbruchrechnung in den Volksschulen früher, als die
jetzt im reifen Alter stehende Generation noch auf der Schulbank
saß, nicht die hinreichende Würdigung fand und selbst jetzt noch
nicht, besonders in Landschulen, in einer dem Bedürfnisse entsprechen=
den Weise gepflegt wird.

Das dekadische *) Zahlensystem ist in der Weise aufgebaut, daß
immer 10 Einheiten einer niederen Ordnung 1 Einheit der nächst
höheren Ordnung geben. Die Zahlen von 1 bis 9 heißt man die
Einer; sie sind ein Vielfaches von 1. 3 ist gleich 3×1,
$7 = 7 \times 1$. Die Zahl 10 ist wohl auch das Zehnfache von 1;
man betrachtet sie jedoch zugleich als eine Einheit höherer Ordnung,
als einen Zehner. Die weiteren Zehner sind: 20, 30, 40, 50,
60, 70, 80, 90. Das Wort „Zehn" wird hier durch das Anhäng=
sel „zig" vertreten. Die Zahl 100 ist gleich 10 Zehner, aber auch
1 Hunderter. Sie bildet die dritte Stufe im Zahlensysteme mit
den ferneren Zahlen: 200, 300, 400, 500, 600, 700, 800, 900.
Ebenso bildet 1000 oder 10×100 die vierte Stufe im Zahlen=
Systeme als 1 Tausender. In Ziffern dargestellt nehmen die
Einer die erste, die Zehner die zweite, die Hunderter die dritte, die
Tausender die vierte Stelle ein u. s. w.

---

*) „Dekadisch" von dem griechischen Worte deka, b. i. zehn; indogermanische
Grundform dakan (grundbeutsch tihan, gothisch tigus) woraus zëhan, zëhen,
zehn entstand. Von dem gothischen tigus kommt auch das Anhängsel „zig"
mittelhochdeutsch zic: zwanzig ist daher zweizehn.

Darstellung:

7	6	5	4	3	2	1
Million	Hundert-Taufender	Zehn-Taufender	Einer-Taufender	Hunderter	Zehner (Zig)	Einer

Jede Zahl läßt sich in zwei Elemente auflösen, nämlich in die Bezeichnung der Gruppe oder Stelle und in die Bezeichnung der Anzahl zwischen 1 und 9 innerhalb dieser Gruppe. So besteht 30 aus 3 und **zig** (Zehner). Das D r e i findet dadurch schrift= lichen Ausdruck, daß man 3 anschreibt, das Z i g aber dadurch, daß man diese Ziffer auf die zweite Stelle setzt. Ebenso wird 500 in der Weise angeschrieben, daß man 5 auf der dritten Stelle plazirt, wodurch sie erst die Bedeutung von 5 Hunderten erlangt. Es ist also zwischen Zahlen= und Stellenwerth genau zu unterscheiden.

Schreibe ich an: 1874

und setze darunter: .6.., so sind das 6 Hunderter, da die Ziffer 6 auf der dritten Stelle steht. Rücke ich die Ziffer 6 um eine Stelle links, so sind es 6 Taufender; dagegen um eine Stelle rechts verschoben, 6 Zig. Die Stelle, welche die Ziffer 6 einnimmt, ist an der darüber stehenden Zahl 1874 erkennbar.

Da man jedoch nicht immer eine Zahl angeschrieben findet, um eine zweite auf die richtige Stelle setzen zu können, so bezeichnet man die Stellen im Voraus; z. B.

4. Stelle.	3. Stelle.	2. Stelle.	1. Stelle.
.	6	.	.

Die Ziffer 6 heißt 6 Hundert, weil sie auf der dritten Stelle steht. Eine Stelle links und 2 Stellen rechts sind unbesetzt. Auch dieses Verfahren ist noch zu umständlich. Weit einfacher verfährt man, wenn man die unausgefüllten Stellen mit Nullen

beſetzt, z. B. 0600. Letztere Schreibweiſe läßt erſehen, daß 6 auf
der dritten Stelle ſteht. Das zeigen die zwei Nullen rechts an,
wogegen die Null links als überflüſſig entfernt werden kann. Die
Null hat alſo gar keinen weiteren Werth, als die unbeſetzten Stellen
auszufüllen. Sie iſt blos ein unentbehrlicher Lückenbüßer. Sind
für die beiden Stellen zur Rechten geltende Ziffern vorhanden, ſo
muß ſie ſofort weichen. Man ſchreibt „ſechshundertfünfunddreißig“
nicht etwa: 600 30 5, ſondern 635.

Die Zahl 1874 ſollte eigentlich geſprochen werden: „1 Tauſend, 8 Hundert, 7 Zig (Zehner), 4 Einer“. In zweifacher Richtung
iſt jedoch eine Abweichung von dieſer Sprechweiſe herkömmlich und
volksthümlich, indem man die Bezeichnung „Einer“ immer wegläßt
und kurzweg „vier“ ſagt und indem man die Einer v o r den Zehner ausſpricht: „vier und ſiebenzig.“

Die einzelnen Stellen der Zahl 6666 heißen, von der erſten
Stelle ausgehend: 6 Einer, 6 Zehner (Zig), 6 Hundert, 6 Tauſend.
Unterſuchen wir deren Werth unter ſich, ſo finden wir, daß die
nächſtfolgende nach links immer das Zehnfache der vorhergehenden
gilt, nämlich:

Die erſte Stelle gilt   6   = 6,
  „   zweite   „   „   10 × 6   = 60,
  „   dritte   „   „   10 × 60   = 600,
  „   vierte   „   „   10 × 600 = 6000.

Unterſuche in dieſer Weiſe den Werth der einzelnen Stelle bei
den Zahlen 333, 2222, 777, 9999, 44444!

Gehen wir von der höchſten Stelle aus, ſo finden wir in entgegengeſetzter Weiſe, daß die nächſte Stelle den zehnten Theil der
vorherigen gilt.

Die vierte Stelle iſt 6000   = 6000,
  „   dritte   „   „ der 10. Theil von 6000 = 600,
  „   zweite   „   „   „   „   „   600   = 60,
  „   erſte   „   „   „   „   „   60   = 6.

Dieſe Zehntheilung iſt indeſſen bei 6 Einern noch nicht abge-
ſchloſſen, ſondern kann noch bis ins Unenbliche fortgeſetzt werden:

der 10. Theil von 6   = $^{6}/_{10}$,
  „   „   „   „ $^{6}/_{10}$ = $^{6}/_{100}$,
  „   „   „   „ $^{6}/_{100}$ = $^{6}/_{1000}$ u. ſ. f.

Umgekehrt ſind 10mal $^{6}/_{1000}$ = $^{6}/_{100}$,
               10mal $^{6}/_{100}$ = $^{6}/_{10}$,
               10mal $^{6}/_{10}$ = 6.

Dieſes Zahlenverhältniß wird in folgender Tabelle zur An-
ſchauung gebracht:

4*

IV	III	II	I	II	III	IV
Tausender	Hunderter	Zehner	Einer	Zehntel	Hundertstel	Tausendstel
6	6	6	6	6	6	6

Betrachten wir an dieser Tabelle die Einer als den Mittel= und Ausgangspunkt, so ist von den Stellen links derselben immer eine das Zehnfache der vorhergehenden, dagegen von den Stellen zur Rechten jede folgende der 10. Theil ihrer Vorgängerin.

	4	3	2	1	2	3	4
a)			3	0			
b)				0	3		
c)		5	0	0			
d)				0	0	5	
e)	1	0	0	0			
f)				0	0	0	1
g)			5	5			
h)				5	5		
i)		7	7	7			
k)				7	7	7	
l)	9	9	9	9			
m)				9	9	9	9

Diese Ziffern werden gelesen: a) 30 Ganze, b) 0 Ganze 3 Zehntel, c) 500 Ganze, d) 0 Ganze 5 Hundertstel, e) 1000 Ganze, f) 0 Ganze 1 Tausendstel, g) 55 Ganze, h) $5^{5}/_{10}$, i) 777, k) $7^{77}/_{100}$, l) 9999, m) $9^{999}/_{1000}$.

Wie bei den Stellen zur Linken, so werden auch bei denen zur Rechten alle unausgefüllten mit Nullen besetzt. Trennen wir die Ganzen links und die Theile rechts durch irgend ein Zeichen, als welches nun einmal das Komma gebräuchlich ist, so ergibt sich für die rechts stehenden Ziffern folgende Schreibweise:

b) 0,3	h) 5,5
d) 0,05	k) 7,77
f) 0,001	m) 9,999

Die Schreibweise 0,001, dann 0,05, endlich 0,3 zeigt, daß man eine Null setzt, wenn keine Ganzen gegeben sind. Hängt man bei 5,5 eine Null an, so heißt es 5,50. Da nun $^{5}/_{10}$ gleich sind $^{50}/_{100}$, so hat diese Null am Werthe des Bruches gar nichts geändert. Fügt man noch eine Null an, so hat man 5,500 und $^{500}/_{1000}$ ist ebenfalls gleich $^{5}/_{10}$. Zur Rechten der Bruchtheile kann man also eine beliebige Anzahl von Nullen anhängen unbeschadet ihres Werthes.

Die Darstellung 7,77 wird gelesen: 7 Ganze, 7 Zehntel, 7 Hundertstel. Da nun $^{7}/_{10}$ gleich sind $^{70}/_{100}$ und schon $^{7}/_{100}$ vorhanden waren, so kann man sie auch lesen: 7 Ganze und 77 Hundertstel. Diese Sprechweise ist die einfachere und übliche. Ebenso kann man 9,999 lesen: 9 Ganze, $^{9}/_{10}$, $^{9}/_{100}$, $^{9}/_{100}$. Die kleinsten Theile sind die Tausendstel, auf welche die Zehntel und Hundertstel gebracht werden sollen. $^{9}/_{10} = {}^{900}/_{1000}$; $^{9}/_{100} = {}^{9}/_{1000}$; $^{900}/_{1000} + {}^{90}/_{1000} + {}^{9}/_{1000} = {}^{999}/_{1000}$. Daher sprechen wir: 9 Ganze und 999 Tausendstel, oder wir lassen auch das Wort „Ganze" als selbstverständlich weg und sagen 9 und 999 Tausendstel.

5,5   sollte eigentlich geschrieben werden: $5^{5}/_{10}$,
7,77   „   „   „   „ $7^{77}/_{100}$,
9,999   „   „   „   „ $9^{999}/_{1000}$.

Die Ziffern rechts vom Komma sind Theile der Einheit, sind Bruchtheile, weßhalb auch die Sylbe „tel" d. h. Theil gehört wird. Sie sind entstanden durch Theilung einer Einheit der vorhergehenden Stelle in 10 Theile. 1 Zehntel ist der 10. Theil eines Ganzen, 1 Hundertstel der 10. Theil eines Zehntels u. s. w. Diese Brüche heißen daher zehntheilige oder Dezimalbrüche vom lateinischen Worte decimus, d. i. der Zehnte.

Blos der Zähler wird angeschrieben. Der Nenner ist eine 1 mit so vielen Nullen, als der Zähler Stellen hat. Will man daher Dezimalbrüche in gewöhnliche verwandeln, so läßt man den gege=

benen Zähler unverändert. Um den Nenner zu erhalten, macht
man aus dem Komma eine 1 und hängt ihr so viele 0 an, als der
Zähler Stellen hat, z. B. 7,379 = $7^{379}/_{1000}$.

Schreibt folgende Dezimalbrüche als gewöhnlich an: 5,5 —
8,37 — 0,94 — 37,315 — 8,4537!

Das neue Münzsystem ist nach denselben Grundsätzen aufge=
baut, wie das dekadische Zahlensystem. Wie dort die Einer den
Mittel = und Ausgangspunkt bilden, so ist hier die M a r k als
Münzeinheit zu betrachten. 10 Einer geben einen Zehner und 10
Mark ein Zehnmarkstück als eine Einheit höherer Ordnung. Den
Hundertern und Tausendern würden 1 Hundertmarkstück und 1 Tau=
sendmarkstück entsprechen, für welche jedoch keine Münze von diesem
Werthe besteht, weßhalb diese Beträge in kleineren Münzen zu er=
legen sind. Von der Einheit abwärts gegangen entsprechen den
Zehnteln das Zehnpfennigstück als $^1/_{10}$ Mark und den Hundertsteln
das Einpfennigstück als $^1/_{100}$ Mark. Kleinere Münzen als 1 Pfen=
nig bestehen nicht, jedoch ist dem Staate Bayern reichsgesetzlich das
Recht eingeräumt, Münzen zu $^1/_2$ Pfennig (1 Heller) prägen zu
dürfen. Bei den Münzumwandlungen werden alle Bruchtheile von
geringerem Werthe als $^1/_2$ Pfennig weggelassen, alle größeren Theile
als 1 ganzer Pfennig angesetzt. Wir wollen jedoch auch $^1/_2$ Pfen=
nig als Dezimalbruch darzustellen. Ist 1 Pfg. = $^1/_{100}$ Mk., so ist
$^1/_2$ Pfg. =: $^{1/2}/_{100}$ = $^5/_{1000}$ = 0,005 Mk.

Dem dekadischen Zahlensystem unterordnen sich also die Mün=
zen: 1 Pfennig, 1 Zehnpfennigstück, 1 Mark und 1 Zehnmarkstück.
Alle anderen Münzen liegen außerhalb desselben. Erstere lassen
sich als Stammdezimalbrüche darstellen, Letztere wohl auch als De=
zimalbrüche, aber als abgeleitete.

V e r a n s c h a u l i c h u n g :

4	3	2	1	2	3	4
Tausender	Hunderter	Zehner	Einer	Zehntel	Hundertstel	Tausendstel
		1 Zehnmarkstück	1 Markstück	1 Zehnpfennigst.	1 Pfennigstück	

Handelt es sich darum, gewöhnliche Brüche in Dezimalbrüche zu verwandeln, so gewährt uns das neue Münzsystem die große Erleichterung, daß wir wohl selten in die Nothwendigkeit versetzt werden, mit sogenannten unendlichen Dezimalbrüchen rechnen zu müssen, da auch die außerhalb des Dekadensystems liegenden Münzen Zahlen repräsentiren, die in 10 ohne Rest gehen. Auch haben wir es mit kleineren Dezimalstellen als Tausendsteln kaum zu thun.

10 läßt sich mit 2 und 5 ohne Rest theilen, daher verwandelt man die Halben und Fünftel in Zehntel; $\frac{1}{2} = 0{,}5$; $\frac{1}{5} = 0{,}2$.

$$\overbrace{10}$$
$$\frac{1}{2} \,\big|\, 5 = 5 = 0{,}5$$
$$\frac{4}{5} \,\big|\, 2 = 8 = 0{,}8$$

Denk- und Sprechweise. Halbe und Fünftel kommen zusammen in Zehnteln, denn $2 \times 5 = 10$. 10 ist der Hauptnenner. $\frac{1}{2}$ von $10 = 5$; $\frac{1}{5}$ von $10 = 2$, $4 \times 2 = 8$. $\frac{1}{2} = 0{,}5$, $\frac{4}{5} = 0{,}8$.

Die Zahl 100 kann außer mit 2 und 5 auch mit 4, 10, 20, 25 und 50 als einer Vielfachheit von 2 oder 5 ohne Rest getheilt werden. Daher stellt man alle Viertel, Zehntel 2c. als Hundertstel dar. $\frac{1}{2} = 0{,}50$; $\frac{1}{5} = 0{,}20$; $\frac{1}{4} = 0{,}25$; $\frac{1}{10} = 0{,}10$; $\frac{1}{20} = 0{,}5$; $\frac{1}{25} = 0{,}4$; $\frac{1}{50} = 0{,}2$.

$$\overbrace{100}$$
$$\frac{3}{4} \,\big|\, 25 = 75 = 0{,}75$$
$$\frac{7}{20} \,\big|\, 5 = 35 = 0{,}35$$
$$\frac{9}{25} \,\big|\, 4 = 36 = 0{,}36$$
$$\frac{13}{50} \,\big|\, 2 = 26 = 0{,}26$$

Verwandle in Hundertstel die Brüche: $\frac{1}{2}$, $\frac{1}{4}$, $\frac{3}{5}$, $\frac{7}{10}$, $\frac{9}{20}$, $\frac{21}{25}$, $\frac{49}{50}$!

Die Zahlen, welche in 100 gehen, müssen auch in 1000 ohne Rest enthalten sein und zwar sogar 10mal öfter als dort. Außerdem gehen in 1000 auch noch 8, 40, 150, 200, 250 und 500. Welche Brüche lassen sich also in Tausendstel verwandeln?

Erweitere zu Tausendsteln die Brüche: $\frac{7}{20}$, $\frac{3}{8}$, $\frac{29}{40}$, $\frac{26}{150}$, $\frac{7}{200}$, $\frac{37}{250}$ und $\frac{17}{500}$!

Ein weiteres recht einfaches Verfahren für die Umwandlung gewöhnlicher Brüche in Dezimalbrüche sei im Folgenden dargelegt. Bekanntlich bleibt der Werth eines Bruches unverändert, wenn man dessen Zähler und Nenner mit derselben Zahl vervielfacht oder theilt, z. B. $\frac{3}{4} = \frac{30}{40}$. Hier wurden beide Bruchglieder mit 10 vervielfacht; der Werth blieb gleich. Oder: $3/4 = {}^{300}/_{400}$. Jetzt wurden sie 100 mal größer wieder ohne Veränderung des Werthes. Es fragt sich nun, welcher der Brüche ${}^{30}/_{40}$ oder ${}^{300}/_{400}$ sich auf einen Dezimalbruch d. h. auf einen der Nenner 10 oder 100 2c. kürzen läßt und womit zu heben ist. Sollen Vierzigstel auf Zehntel gebracht werden, so muß man offenbar mit 4 theilen; 4 geht aber nicht in 30 ohne Rest; ${}^{30}/_{40}$ lassen sich also nicht als Dezimalbruch darstellen. ${}^{300}/_{400}$ aber können auf Hundertstel gekürzt werden mit 4. 4 in 400 = 100 mal, 4 in 300 ist 75 mal. ${}^{300}/_{400} = {}^{75}/_{100} = 0{,}75$. In welchem Dezimalbruch lassen sich $7/8$ aus= brücken? $7/8 = {}^{70}/_{80}$; sollen daraus Zehntel werden, so muß man mit 8 kürzen, das aber nicht in 70 geht. Wir fügen daher dem Zähler und Nenner noch je eine 0 an. ${}^{70}/_{80} = {}^{700}/_{800}$. Nun kann wohl wieder 800 auf 100 gekürzt werden, indem man mit 8 theilt, was aber in 70 nicht ohne Rest geht. Versuchen wir die Kürzung, nachdem eine weitere 0 beigefügt wurde: ${}^{700}/_{800} = {}^{7000}/_{8000}$. 8 geht in 8000 = 1000 mal und in 7000 = 875 mal. Mit= hin ist $7/8 = {}^{7000}/_{8000} = {}^{875}/_{1000} = 0{,}875$.

Die Regel heißt also: **Man setze dem Zähler und Nen= ner des gewöhnlichen Bruches immer je eine 0 zu, bis endlich mit dem ursprünglichen Nenner (hier 8) auch der Zähler ohne Rest getheilt werden kann.** *)

Verwandle auf diese Weise in Dezimalbrüche die gewöhnlichen Brüche: $5/8$, $1/2$, $1/4$, $4/5$, $9/20$, $7/25$, ${}^{31}/_{150}$!

Die gewöhnlichen Brüche, deren Nenner nicht 2 oder 5 oder ein Vielfaches dieser beiden Zahlen ist, lassen sich nie r e i n in De= zimalbrüche verwandeln. Nehmen wir den Bruch $2/3$. Nach obiger Regel müßten wir den Bruchgliedern so viele Nullen anhängen, bis auch der Zähler mit 3 theilbar ist. Das aber ist eine Unmög= lichkeit, den $2/3 = {}^{20}/_{30} = {}^{200}/_{300} = {}^{2000}/_{3000}$ 2c. 3 ist in 20 = $6 \, 2/3$, in 200 = $66 \, 2/3$, in 2000 = $666 \, 2/3$ mal enthalten. Es wird sich immer ein Rest ergeben und wenn wir den Bruch= gliedern Hunderte von Nullen anhängen. Wir haben es mit einem u n e n d l i c h e m Dezimalbruch zu thun. Im Geschäftsleben muß man nun öfters kleine Reste der Abgleichung wegen verlieren. Da= her lassen wir auch hier den Rest außer Ansatz und nehmen statt $2/3 = 0{,}6$ oder $0{,}66$ oder $0{,}666$. Es fragt sich nun, welcher dieser drei Dezimalbrüche der Wahrheit am nächsten steht d. h. bei welchem am wenigsten weggeschenkt wurde. Beim ersten giengen

---

*) Dieses Verfahren ist weit verständlicher, als das bekannte, mit dem Nenner in den Zähler zu theilen und diesem so lange fort eine 0 anzuhängen, bis die Theilung aufgeht. Der Grund für dieses mechanische Verfahren ist ohne das vorgeschlagene gar nicht zu erkennen.

⅔ Zehntel, beim zweiten ⅔ Hundertstel, beim dritten ⅔ Tausendstel, also hier der kleinste Rest verloren. Wir machen es uns daher
zur Regel, jedem unendlichen Dezimalbruche im Zähler und Nenner
drei Nullen anzuhängen, dann mit dem anfänglichen Nenner zu
kürzen und den verbleibenden Rest des Zählers unbeachtet zu lassen.
⅔ = $^{666}/_{1000}$ = 0,666. Genau genommen sind ⅔ nicht $^{666}/_{1000}$,
sondern $^{666}/_{999}$. Wir haben, wie schon bemerkt, ⅔ Tausendstel
weggeschenkt. Hätten wir statt dessen noch ⅓ Tausendstel dazu genommen, so hätten wir $^{667}/_{1000}$ = 0,667 erhalten. Dieser Dezimalbruch bezeichnet den Werth des Bruches ⅔ noch um ⅓ Tausendstel näher als 0,666. Ist also der beim Heben des Zählers
verbleibende Rest geringer als ½, so lassen wir ihn unbeachtet, ist
er größer, so setzen wir dem neuen Zähler noch 1 bei.

Verwandle ⅔, ⅚, $^7/_9$, $^5/_{11}$, $^{11}/_{12}$ in Dezimalbrüche!

Soll der unendliche Dezimalbruch 0,666 in einen gewöhnlichen
verwandelt werden, so erwäge man, daß der Zähler um einen un-
bedeutenden Rest zu klein ist und daß man diesen Verlust dadurch
ausgleichen kann, wenn man die Theile etwas größer macht, also

statt $^{666}/_{1000}$ = $^{666}/_{999}$ setzt und $^{666}/_{999}$ = $\overset{333}{\underset{}{}}$ ⅔.

Verwandle folgende Dezimalbrüche in gewöhnliche und kürze
diese: 0,35 — 0,683 — 4,056 — 0,48 — 4,875 — ferner: 0,555
— 0,63 — 2,66 — 0,51!

Addition und Subtraktion.

	a)		b)	
	27,08			27,080
	160,463			160,463
+	2379,8	+		2379,800
	2567,343			2567,343

Wie 10 Einer 1 Zehner, 10 Zehner 1 Hunderter ꝛc., so geben auch 10 Tausendstel 1 Hundertstel, 10 Hundertstel 1 Zehntel ꝛc.
Auch bei den Dezimalbrüchen werden wie Einer unter Einer, Zehner
unter Zehner, so auch Zehntel unter Zehntel, Hundertstel unter
Hundertstel ꝛc. gesetzt und die bei der niederen Stelle sich ergebenden
Zehner zur nächst höheren Stelle gezählt. Regel: Man schreibe
Komma unter Komma und addire die Dezimalstellen wie die Ganzstellen. Die fehlenden Dezimalstellen mag man mit Nullen aus-
füllen (b), was aber ebenso gut unterlassen werden kann.

	24,718	24,718	536,000
—	2,8	2,800	27,314
	21,918	21,918	508,686

Auch hier steht Komma unter Komma. Die nächste Stelle,
welche entlehnt wird, gilt bei den Dezimalstellen ebenso gut 10,

als bei den Ganzstellen. Dezimalzahlen werden also gerade so sub=
trahirt, wie ganze Zahlen.

Multiplikation und Division.

a)   27,316   b)   8 | 218,528 | 27,316   c) 8 | 27,316 | 3,4145
      $\times$ 8
    218,528

Denkweise: a) $8 \times {}^{6}/_{1000} = {}^{48}/_{1000} = {}^{4}/_{100} + {}^{8}/_{1000}$.
8 Tausendstel werden angeschrieben, 4 Hundertstel übergezählt.
$8 \times {}^{1}/_{100} = {}^{8}/_{100}$, dazu jene ${}^{4}/_{100} = {}^{12}/_{100} = {}^{1}/_{10} + {}^{2}/_{100}$.
Diese werden angeschrieben, jene hinübergezählt. $8 \times {}^{9}/_{10} = {}^{24}/_{10}$
$+ {}^{1}/_{10} = {}^{25}/_{10} = 2{}^{5}/_{10}$. 5 Zehntel werden angeschrieben, da=
hinter ein Komma gesetzt und 2 zu den Ganzen addirt u. s. w.
daraus folgt: Man vervielfacht die Dezimalbrüche ebenso, wie die
ganzen Zahlen und streicht dem Produkte so viele Stellen ab, als
der Multiplikand Dezimalstellen hatte.

Denkweise: b) 8 in 21 Zehner = 2 Zehner mal; 8 in 58
Einer = 7 Einer mal. Nun beginnen die Dezimalstellen, weßhalb
ein Komma zu setzen ist. 8 in 25 Zehntel = ist 3 Zehntel mal
u. s. w. Dezimalbrüche werden ebenso dividirt, wie ganze Zahlen.
Wenn die Ganzen des Dividenden getheilt sind, setzt man im Quo=
tienten ein Komma und führt die Division fort.

Vervielfache $9 \times 3,546$; $15 \times 0,47$; $3 \times 71,608$!
Dividire 5 in 3,475; 12 in 0,84; 25 in 16,475!

a)   37,48   b)   37,48   c)   37,48
    $\times$ 10 $\times$ 100 $\times$ 1000
   374,8   3748,   37480,

Denkweise: $10 \times {}^{8}/_{100} = {}^{80}/_{100} = {}^{8}/_{10}$; $10 \times {}^{4}/_{10} =$
${}^{40}/_{10} = 4$ u. s. w.; der Multiplikand kam als Produkt wieder zum
Vorschein, nur war das Komma um eine Stelle nach rechts ge=
rückt. Bei b) ist es nun 2, bei c) um drei Stellen vorgesetzt.
Man vervielfacht also mit 10, 100 oder 1000, indem man das
Komma um 1, 2 oder 3 Stellen rechts rückt.

Wie viel ist $10 \times 0,57$; $100 \times 1,374$; $1000 \times 0,513$?
a) 10 | 548 | 54,8 b) 100 | 548 | 5,48 c) 1000 | 548 | 0,548.

Beim Dividiren mit 10, 100 oder 1000 tritt das entgegenge=
setzte Verfahren ein; man rückt das Komma um 1, 2 oder 3
Stellen links.

Dividire: 10 | 74,3 | 100 | 847,6 | 1000 | 974,37 |

Soll ich vervielfachen: $^2/_3 \times \,^4/_5$, so nehme ich zuerst $2 \times \,^4/_5$ $= \,^8/_5$. Da ich aber diese $^4/_5$ nicht 2 ganze, sondern nur $^2/_3$ mal nehmen soll, so ist mein Produkt 3 mal zu groß. Daher mache ich aus $^8/_5 = \,^8/_{15}$. $^2/_3 \times \,^4/_5 = \,^8/_{15}$. Dieses Produkt erhalte ich, wenn ich Zähler mit Zähler, Nenner mit Nenner vervielfache. Dieselbe Regel gilt auch bei den Dezimalbrüchen:

$0,7 \times 0,15 = \,^7/_{10} \times \,^{15}/_{100} = \,^{105}/_{1000} = 0,105.$ Oder 0,15

$$\begin{array}{r} \times\ 0,7 \\ \hline 0,105 \end{array}$$

Die Zähler 7 und 15 vervielfacht geben 105 als Produkt= zähler. Die Nenner 10 und 100 vervielfacht geben 1000 als Produktnenner. Sie zählen zusammen 3 Dezimalstellen, die ich am Zähler abstreiche. Regel: Sollen Dezimalbrüche multiplizirt werden, so behandelt man sie wie ganze Zahlen und setzt das Komma um so viele Stellen im Produkte links, als beide Faktoren Dezimalstellen haben.

Vervielfache: $0,5 \times 0,75$; $1,2 \times 3,15$; $0,14 \times 1,7$!

Wenn man berechnen soll, wie oftmal $^2/_3$ in $^3/_4$ enthalten sind, so muß man beide Brüche zuvor gleichnamig machen. $^2/_3 = \,^8/_{12}$, $^3/_4 = \,^9/_{12}$, $^2/_3$ in $^3/_4 = \,^8/_{12}$ in $^9/_{12}$; ferner: $^8/_{12}$ sind in $^9/_{12}$ so oftmal als 8 in $9 = 1\,^1/_8$. Ungleichnamige Brüche werden also gleichnamig gemacht und sodann die Nenner entfernt. Gerade so halten wir es auch bei den Dezimalbrüchen: $0,05$ in $0,2 =$ $0,05$ in $0,20 = 5$ in $20 = 4$ mal.

Wie oftmal sind enthalten: a) 0,4 in 1,28? b) 0,25 in 0,5? c) 1,3 in 7,39? d) 0,12 in 4,135?*)

Verwandlungen höherer Einheiten in niedere und umgekehrt.

a) Wie viele Mark und Pfennige sind 7,8425 Mk.?

Die Mk. hat 100 Pfg.; die Pfg. müssen also in der ersten und zweiten Dezimalstelle stehen; mit der dritten beginnen die Bruch= theile der Pfg.; 7,8425 Mk. sind also 7 Mk. 84,25 Pfg.

b) 75,25 Pfg. sind wie viele Mk.?

Man schreibe 75 Pfg. in die 1. und 2. Dezimalstelle und lasse dann die Bruchtheile der Pfg. folgen. 75,25 Pfg. = 0,7525 Mk.

Verwandle in Mk. und Pfg.: a) 4,7 Mk.; b) 9,27 Mk.; c) 12,375 Mk.; d) 50,036 Mk.; e) 0,2525 Mk.!

Verwandle in Mk.: a) 75 Pfg.; b) 3 Mk. 25 Pfg.; c) 9 Mk. 3 Pfg.; d) 10 Mk. 3,25 Pfg.; e) 9 Mk. 6,25 Pfg.!

---

*) Eine größere Anzahl von Aufgaben zur Dezimalbruchrechnung mit Unbe= nannten enthält das Aufgabenbüchlein.

VI. Die vier Spezies mit den neuen Münzen.

A. Addition und Subtraktion.

1. Ein Arbeiter verdient am Montag 2 Mk. 84 Pfg., am Dienstag 3 Mk. — Pfg., am Mittwoch 3 Mk. 21 Pfg., am Donnerstag 4 Mk. 3 Pfg., am Freitag 3 Mk. 75 Pfg. und am Samstag 2 Mk. 94 Pfg. Wie viel beträgt sein wöchentlicher Verdienst?

1. Verfahren.			2. Verfahren.
Mk.		Pfg.	Mk.
2	„	84	2,84
3	„	—	3,—
3	„	21	3,21
4	„	3	4,03
3	„	75	3,75
+ 2	„	94	+ 2,94
19	„	77	19,77

Hievon verwendet er auf seine Haushaltung 14 Mk. 83 Pfg.; was bleibt ihm übrig?

1. Verfahren.			2. Verfahren.
Mk.		Pfg.	Mk.
19	„	77	19,77
— 14	„	83	14,83
4	„	94	4,94

2. Für den Bau eines Hauses erhält der Maurer 12387 Mk., der Zimmermann 9436 Mk., der Glaser 399 Mk., der Hafner 258 Mk., der Schreiner 546 Mk. und der Spängler 154 Mk. Was kostete das Haus zu bauen?

3. In einer Haushaltung braucht man wöchentlich für Fleisch 12 Mk. 16 Pfg., für Brod 5 Mk. 24 Pfg., für Mehl 2 Mk. 9 Pfg., auf andere Lebensbedürfnisse 5 Mk. 77 Pfg. Wie viel ist das? Was hat man übrig, wenn die wöchentliche Einnahme 30 Mk. 29 Pfg. betrug?

4. Ein Kaufmann nimmt ein: am ersten Marktage 154 Mk. 37 Pfg., am zweiten 221 Mk. 5 Pfg., am dritten 94 Mk. 16 Pfg. Wie viel ist das?

5. Einem zur Schule eintretenden Knaben kauft der Vater einen Schulranzen zu 4 Mk. 34 Pfg., ein Lesebuch zu 75 Pfg.,

Schiefertafel, Hefte, Griffel 2c. zu 1 Mk. 27 Pfg. Was bekommt der Vater heraus, wenn er dafür ein Zehnmarkstück hinlegt?

6. Jemand kauft sich einen Rock um 25 Mk. 50 Pfg., eine Hose zu 17 Mk. 75 Pfg., eine Weste zu 9 Mk. 25 Pfg. Was muß er zahlen? Was hat er von 3 Zwanzigmarkstücken übrig? Um wie viel kostete der Rock mehr als die Hose? Um wie viel war die Hose theuerer als die Weste?

7. 4 Geschwister überzählen ihre Sparkassen. A hat 1 Zehnmarkstück, 1 Fünfmarkstück, 3 Zweimarkstücke, 5 Mark, 12 Fünfzigpfennigstücke, 27 Zehnpfennigstücke, 17 Zweipfennigstücke und 9 Pfennigstücke. B besitzt 1 Zwanzigmarkstück, 3 Fünfmarkstücke, 7 Zweimarkst., 3 Mark, 19 Halbemarkst., 28 Zehnpfenniger, 34 Fünfpfenniger, und 59 Zweipfenniger. C findet in seiner Kasse 5 Fünfmarkstücke, 12 Mk., 450 Pfennige, 77 Zehnpfenniger und 36 Fünfpfenniger. D hat ein Zwanzigmarkstück, 5 Zehnmarkstücke, 3 Mk. und 87 Pfg. Wie viele Mk. und Pfg. haben die 4 Geschwister zusammen? Um wie viel hat D mehr als B, B mehr als A, A mehr als C?

8. Addire: 5 $\frac{1}{2}$ Mk., 4 $\frac{1}{4}$ Mk., 7 $\frac{13}{20}$ Mk., 8 $\frac{4}{5}$ Mk. und 12 $\frac{7}{10}$ Mk.! Von der Summe ziehe 25 $\frac{3}{4}$ Mk. ab!

1. Verfahren.				2. Verfahren.	
Mk.				Mk.	Pf.
	20			5 „	50
5 $\frac{1}{2}$	10	=	10	4 „	25
4 $\frac{1}{4}$	5	=	5	7 „	65
7 $\frac{13}{20}$	1	=	13	8 „	80
8 $\frac{4}{5}$	4	=	16	+ 12 „	70
+ 12 $\frac{7}{10}$	2	=	14	38 „	90
38 $\frac{9}{10}$				− 25 „	75
− 25 $\frac{3}{4}$				13 „	15
13 $\frac{3}{20}$					

9. Jemand kauft ein Haus um 12000 Mk. An Baureparaturen wendet er auf 254 $\frac{7}{10}$ Mk. Für darauf haftende Schulden zahlt er 450 Mk. Zinsen. Dagegen erhebt er an Hausmiethen im ersten Halbjahre 335 $\frac{1}{2}$ Mk., im zweiten Halbjahre 275 $\frac{1}{5}$ Mk. Er will nun nach einem Jahre das Haus verkaufen und dabei 2000 Mk. gewinnen. Wie theuer muß er es geben?

10. Ein Bauer zahlte seinem Knechte jährlich 125 $\frac{1}{5}$ Mk. Lohn; seine Magd bekam 35 $\frac{3}{4}$ Mk. weniger. Was erhielt die Magd? Was bekamen beide Dienstboten zusammen?

11. Wie viele Mark sind: $46^4/_5$ Mk. $+$ $^9/_{10}$ Mk. $+$ $12^2/_5$ Mk. $+$ $25^7/_{20}$ Mk. $+$ $28^{19}/_{25}$ Mk. $+$ $^{17}/_{50}$ Mk. $+$ $5^{11}/_{20}$ Mk. $+$ $^3/_4$ Mk.? Von der Summe ziehe ab: $51^3/_4$ Mk. $+$ $17^9/_{25}$ Mk.!

12. Jemand gab im Durchschnitte monatlich aus: für Haus= miethe $20^1/_4$ Mk., für Lebensmittel $53^1/_5$ Mk., für Kleidung $26^3/_{10}$ Mk., für Bücher $14^{11}/_{20}$ Mk., für Vergnügungen $14^1/_2$ Mk., auf Steuern $7^{14}/_{25}$ Mk. Wie viel betrug seine Ausgabe im Jahre? Was hat er übrig bei einer Jahreseinnahme von $2274^1/_2$ Mk.?

B. Multiplikation und Division.

1. Jemand verdient täglich 4 Mk. 20 Pfg.; wie viel ist das in 6 Tagen und wie viel davon darf an jedem der 7 Wochentagen ausgegeben werden?

1. Verfahren.		2. Verfahren.
Mk. Pf.		Mk.
4 20		4,20
$\times$ 6 Mk. Pfg.		$\times$ 6 Mk.
7 | 25 20 | 3 „ 60 „		7 | 25,20 | 3,60
21		21
„42		„42
42		42
„„0		„„0
0		0
„		„

2. Ein Vater hinterließ seinen 4 Kindern ein Haus im Werthe zu 9450 Mk., Acker und Wiesen, werth 2328 Mk., Baargeld 6000 Mk. Was bekommt jedes der 4 Kinder?

3. 1 Meter Tuch zu einem Kleide kostet 4 Mk. 45 Pfg.; was kosten a) 5 Mtr.? b) 8 Mtr.? c) 10 Mtr.? d) 15 Mtr.?

4. 1 Hektoliter Bier kostet 14 Mk. 50 Pfg.; was kosten a) $^1/_4$ HL.? b) $^3/_4$ HL.?

5. Ein Brauer kauft 2 Klafter Buchenholz à 33 Mk. 75 Pfg., 3 Klafter Tannenholz à 21 Mk. 45 Pfg., 4 Klafter Birkenholz à 25 Mk. 35 Pfg. Was kosten diese 9 Klafter Holz, wenn dazu 12 Mk. 25 Pfg. Fuhrlohn gerechnet werden? Wie hoch kommt durchschnittlich 1 Klafter?

6. In einer Haushaltung braucht man wöchentlich für Fleisch $91^1/_2$ Mk., für Gemüse und Mehl $17^1/_4$ Mk., für Schmalz, Gewürz

und Eier 12$^{7}/_{10}$ Mk., für Brot 27$^{3}/_{5}$ Mk., für weitere Bedürfnisse 6$^{9}/_{20}$ Mk. Was kommt von jeder einzelnen Ausgabe auf 1 Tag? was auf 1 Jahr?

1. Verfahren.				2. Verfahren.			
Mk.	Mk.			Mk.	Pfg.	Mk.	Pfg.
7	91$^{1}/_{2}$	13$^{1}/_{14}$		7	91 „ 50	13 „	7$^{1}/_{7}$
	7	× 365			7 49	× 365	
	21	91$^{1}/_{14}$			21 $^{1}/_{7}$ 4771 „	7$^{1}/_{7}$	
	21	78			21		
	„$^{1}/_{2}$	39			„„		
		4771$^{1}/_{14}$ Mk.					

u. s. w.

7. Ein Beamter hat eine Jahreseinnahme von 2400 Mk. Davon braucht er monatlich zum Lebensunterhalte 169$^{1}/_{2}$ Mk., jährlich für Kleidung 175$^{3}/_{4}$ Mk., für Wohnung 420 Mk., auf Magdlohn 94 Mk., auf sonstige Ausgaben 89$^{1}/_{5}$ Mk. Wie viel setzt er jährlich zu?

8) Ein Vater und seine 3 erwachsenen Söhne verdienen zusammen wöchentlich 78 Mk. 50 Pfg. Was trifft auf jeden, wenn der Vater für 2 Mann, der große Bruder für 1$^{1}/_{2}$ Mann und die beiden andern zu je 1 Mann gerechnet werden? Wie viel beträgt der Taglohn von einer dieser 4 Personen?

9. Jemand legt monatlich 12 Mk. 25 Pfg. in die Sparkasse; wie lange dauert es, bis er 447 Mk. erspart hat?

10. Ein Dienstknecht hat 165 Mk. Jahreslohn. Nach $^{3}/_{4}$ Jahren verläßt er seinen Dienst. Was bekommt er noch, wenn er von seinem Lohne schon 45$^{1}/_{6}$ Mk. herausgenommen hatte?

11. Ein Bauer verkauft ein Pferd und 1 Füllen, letzteres für 558 Mk. Vom Erlös kauft er 1 Kuh zu 355 Mk., zahlt 37 Mk. 50 Pfg. Schulden, verzehrt 3 Mk. 75 Pfg. und bringt noch 427$^{1}/_{4}$ Mk. nach Hause. Wie theuer hatte er wohl das Pferd verkauft?

12. Ein Kind kostet seinen Eltern täglich für Essen 75 Pfg., wöchentlich für Wäsche 35 Pfg., jährlich für Kleider 15 Mk. 24 Pfg., für Lehrmittel 2 Mk. 25 Pfg. Wie viel ist das jährlich?

13. Ein Baumeister soll ein Haus um 1500 Mk. in 4 Wochen herstellen. Nun kosten ihm von 6 Maurergesellen jeder täglich 3$^{1}/_{4}$ Mk., 4 Zimmergesellen, die nur 2 Wochen arbeiten, jeder täglich 2$^{9}/_{10}$ Mk. Der Glaser bekommt für jedes der 10 Fenster 14 Mk. 30 Pfg., der Hafner im Ganzen 357 Mk. Was gewinnt der Baumeister?

14.   Nota für Herrn X. Bierbrauer dahier.

1874			
3. Jan.	15 Kilo Kaffe à 2 Mk. 25 Pfg. .		
7. „	12 Dgr. Zimmt à 18 Pfg. . . .		
12. „	30 Kilo Zucker à 1 Mk. 21 Pfg. .		
1. Febr.	12 Kilo Reis à 75 Pfg.		
7. „	15 Kilo Seife à 1 Mk. 15 Pfg. .		
24. „	6 Kilo Tabak à 2 Mk. 75 Pfg. .		
	Summa:		

15. Bei einem Bau erhielten täglich die Zimmerleute 45 Mk. 36 Pfg., die Maurer 44 Mk. 10 Pfg., die Tischler 24 Mk. 72 Pfg. die Schlosser 26 Mk. 25 Pfg. Jeder Zimmermann erhielt täglich 3 Mk. 24 Pf., jeder Maurer 3 Mk. 15 Pf., jeder Tischler 4 Mk. 12 Pfg., jeder Schlosser 5 Mk. 25 Pfg. Wie viele Zimmerleute, Maurer, Tischler und Schlosser waren bei dem Bau beschäftigt? Wie viel verdienten alle zusammen? Wie viel verdiente ein Arbeiter im Durchschnitte?

16.   Rechnung.
für den Früchtenhändler N. in N.
von dem Oekonomen X. in Z.

1874			
1. April	6 Ztr. Erbsen à 13 Mk. 25 Pfg.		
1. „	13 Ztr. Kartoffel à 3 Mk. 50 Pfg.		
15. „	6 Ztr. Roggen à 10 Mk. 50 Pfg.		
18. „	3 Ztr. Weizen à 14 Mk. 25 Pfg.		
1. Mai.	18 Ztr. Gerste à 9 Mk. 75 Pfg.		
	Summa:		
	Davon erhalten:		
1. Juli	10 Zwanzigmarkstücke		
	8 Zehnmarkstücke		
	6 Fünfmarkstücke		
	Bleibt Rest		

17. Ein Kaufmann kauft 32 Ztr. à 42 1/5 Mk. und bezahlt für den Ztr. 2 3/5 Mk. Fracht und für andere Unkosten noch 8 Mk. 15 Pfg. Beim Verkauf löst er 2003 Mk. 25 Pfg. Was gewinnt er am Zentner?

18. Derselbe verkauft 4 Stücke Tuch zusammen um 1249 Mk. 71 Pfg.; das erste mißt 42,3 m., das zweite 45,5 m., das dritte 36,8 m. Wie groß ist das vierte Stück, wenn jedes m. 7,7 Mk. kostet?

19. 3 Fässer Wein enthalten 46 HL. und kosten 1335,86 Mk.; vom ersten, das 15 1/5 HL. enthält, kostet das HL. 26 3/4 Mk., vom zweiten zu 18 4/5 HL. 31 1/4 Mk. Was kostet 1 HL. vom dritten Fasse?

20. Ein Offizier kauft einen Schimmel, einen Rappen und einen Sattel zusammen um 1080 Mk. Schimmel und Sattel kosten 5/8 der Summe; Rappe und Sattel kosten 11/24 der Summe. Wie viel kostete jedes Pferd und der Sattel?

21. Ein Knecht hat jährlich 163 Mk. 50 Pfg. Lohn und ein Paar Schuhe. Die Schuhe erhielt er gleich beim Eintritte in den Dienst, den er nach 10 Monaten verläßt. Da er von seinem Lohne schon 117 Mk. 75 Pfg. herausgenommen hatte, gab ihm der Dienstherr noch 16 Mk. 75 Pfg. Wie theuer war das Paar Schuhe gerechnet?

VII. Die Schluß-Rechnung.

1. Jemand verdient in 6 Tagen 13 Mk., wie viel in 312 Tagen?

$$6 \text{ Tage } 13 \text{ Mk.}$$
$$312 \quad „ \quad ? \quad „$$

In Divisionsform:

$$6 \text{ Tg.} = 13 \text{ Mk.}$$
$$1 \quad „ = 13 : 6 = 2 \, 1/6 \text{ Mk.}$$
$$312 \quad „ = 312 \times 2 \, 1/6 = 676 \text{ Mk.}$$

In Bruchform:

$$\frac{13 \times \overset{52}{312}}{\underset{6}{}} = 676 \text{ Mk.}$$

Denk= und Sprechweise. Die Frage heißt: Was verdient er in 312 Tagen? Bekannt ist, daß er in 6 Tagen 13 Mark verdient. Es ist vor Allem zu berechnen, was auf 1 Tag trifft. 1 Tag ist der 6. Theil von 6 Tagen, also verdient er in 1 Tag den 6. Theil von 13 = $2\frac{1}{6}$ Mk. Ist sein Taglohn $2\frac{1}{6}$ Mk., so verdient er in 312 Tagen d. h. in 312 × 1 Tag auch 312 × $2\frac{1}{6}$ = 676 Mk. Oder: In 6 Tagen verdient er 13 Mk.; er arbeitet 312 Tage, das sind 52 × 6 Tage, also erhält er 52 × 13 = 676 Mk.

2. Wie theuer sind 175 Pfd., wenn 32 Pfd. 48 Mk. kosten?

3. 27 HL. Getreide kosten 947 Mk.; was kosten 297 HL.?

4. Ein Knecht hat 136 Mk. Jahreslohn; was trifft hievon auf 5 Monate?

5. Für 116 Mk. erhält man 29 m. Zeug; wie viel für 174 Mk.?

6. Welchen Zins geben 387 Mk. Kapital, wenn 100 Mk. 6 Mk. Zins tragen.

7. Was kosten $9\frac{1}{2}$ Ztr., wenn $\frac{3}{5}$ Ztr. $21\frac{3}{4}$ Mk. kosten?

$$\frac{3}{5}\ \text{Ztr. kosten } 21\frac{3}{4}\ \text{Mk.}$$
$$9\frac{1}{2}\quad ,,\qquad ,,\qquad ?$$

In Divisionsform:

$$\frac{3}{5}\ \text{Ztr.} = 21\frac{3}{4}\ (\tfrac{87}{4})\ \text{Mk.}$$
$$\frac{1}{5}\quad ,, \quad = \tfrac{87}{4} : 3 = \tfrac{29}{4}\ \text{Mk.}$$
$$\frac{5}{5}\quad ,, \quad = 5 × \tfrac{29}{4} = \tfrac{145}{4} = 36\frac{1}{4}\ \text{Mk.}$$
$$\frac{1}{2}\quad ,, \quad = 36\frac{1}{4} : 2 = 18\frac{1}{8}\ \text{Mk.}$$
$$\frac{9}{2}\quad ,, \quad = 19 × 18\frac{1}{8} = 344\frac{3}{5}\ \text{Mk.}$$

In Bruchform:

$$\frac{\overset{29}{\cancel{87}} × 5 × 19}{4 × \cancel{3} × 2} = \frac{2755}{8} = 344\frac{3}{8}\ \text{Mk.}$$

Oder: 0,6 Ztr. kosten 21,75 Mk.
$$9,5\quad ,,\qquad ,,\qquad ?$$

0,6 Ztr. = 21,75 Mk.
0,1   ,, = 21,75 : 6 = 3,625 Mk.
9,5   ,, = 95 × 3,625 = 344,375 Mk.

$$\frac{21,75 × 9,5}{0,6} = 344,375\ \text{Mk.}$$

8. $12\frac{1}{2}$ Pfd. kosten 2 Mk. 80 Pfg.; wie viel kosten 39 Pfd. 37 Dgr. 5 gr.?

9. Für 50 Mk. 70 Pfg. erhält man 9 Kgr. 50 Dgr., wie viel für $170\frac{1}{2}$ Mk.?

10. 17²/₅ m. kosten 97 Mk. 75 Pfg.; wie viel erhält man für 830,1 Mk.?

11. Jemand kauft ein fettes Schwein zu 286³/₄ Pfd. und zwar den Ztr. zu 60³/₄ Mk. Wie viel kostet das Schwein? Wie theuer ist das Pfd.?

12. Ein Kaufmann hatte mehrere Stücke Tuch. Er verkaufte ¹/₃ seines ganzen Vorrathes das m. zu 13¹/₂ Mk., ¹/₄ desselben das m. um 13³/₄ Mk., ¹/₆ desselben das m. um 13¹/₄ Mk. und die noch übrigen 48 m. je um 11³/₄ Mk. Wie viele m. Vorrath hatte er? Wie viel löste er im Ganzen? Wie viel gewann er mit 100 Mk., wenn der ganze Gewinn 502²/₅ Mk. betrug?

13. Eine milchgebende Kuh bekam täglich an Futter 25 Pfd. Heu und 5 Pfd. Stroh als Streubedarf. Für Wartekosten und Pflege rechnete man jährlich 30 Mk. und für Versicherung und Thierarzt 18 Mk. Wenn die Kuh nun jährlich 3000 L. Milch gab, der Dünger das Doppelte des Gewichtes von dem Futter sammt der Streu betrug: was gewann man dann im Jahre an dieser Kuh, wenn der Ztr. Heu 3 Mk. 25 Pfg., der Ztr. Stroh 2 Mk. 28 Pf. kostete, wenn man für 1 L. Milch 16 Pfg., für die Karre Dünger à 20 Ztr. 4 Mk. 50 Pfg. erhielt und die Kuh ebenso theuer wieder verkaufte, als man sie eingekauft hatte? (Den entstandenen Bruch bei Berechnung des Düngers berechne man zu 1 Ganzen.)

14. Wie viel verdienen 25 Arbeiter in 3 Wochen, wenn 12 Arbeiter in 5 Wochen 900 Mk. verdienten?

$$12 \text{ Arbeiter } 5 \text{ Wochen} = 900 \text{ Mk.}$$
$$25 \quad \text{„} \quad 3 \quad \text{„} \quad ?$$

In Divisionsform:

$$12 \text{ Arb. } 5 \text{ W.} = 900 \text{ Mk.}$$
$$1 \quad \text{„} \quad 5 \quad \text{„} = 900 : 12 = 75 \text{ Mk.}$$
$$1 \quad \text{„} \quad 1 \quad \text{„} = 75 : 5 = 15 \quad \text{„}$$
$$1 \quad \text{„} \quad 3 \quad \text{„} = 3 \times 15 = 45 \text{ Mk.}$$
$$25 \quad \text{„} \quad 3 \quad \text{„} = 25 \times 45 = 1125 \text{ Mk.}$$

In Bruchform:

$$\frac{900 \times \overset{5}{\cancel{25}} \times 3}{\underset{}{\cancel{12}} \times \cancel{5}} = 1125 \text{ Mk.}$$

15. 1 Cbm. Holz kostet 75 Pfg.; was kostet dann ein Holzhaufen zu 10 m. Länge, 4 m. Breite und 2 m. Höhe?

16. 5 m. Tuch, welches 15 dm. breit ist, kosten 28,8 Mk.; was kosten 12 m. Tuch, welches bei gleicher Qualität 14 dm. breit ist?

17. 6 Arbeiter verdienen in 11 Tagen 138,6 Mk.; in wie viel Tagen verdienen 9 Arbeiter 151,2 Mk.?

18. Um 907,2 Mark zu verdienen, müssen 18 Mann 63 Tage arbeiten; wie viel Mann werden es sein müssen, um in 24 Tagen 940,8 Mk. zu verdienen?

19. Eine Mauer, welche 21,6 m. lang, 8 m. hoch und 45 cm. dick ist, kostet 544,32 Mk.; wie viel wird eine Mauer kosten, welche 29,4 m. lang, 6 m. hoch und 55 cm. dick ist?

20. Wenn Jemand täglich 2 Mk. 80 Pfg. ausgibt, so reicht er mit einer gewissen Geldsumme 4½ Monate aus. Wie weit wird er reichen, wenn er täglich 4 Mk. 20 Pfg. ausgibt?

$$280 \text{ Pfg. } 4\tfrac{1}{2} \text{ Mt.}$$
$$420 \text{ „ } \quad ?$$

In Divisionsform?

$$280 \text{ Pfg. } = 4\tfrac{1}{2} \text{ Mt.}$$
$$1 \text{ „ } = 280 \times 4\tfrac{1}{2} = 1260 \text{ Mt.}$$
$$420 \text{ „ } = 1260 : 420 = 3 \text{ Mt.}$$

In Bruchform!

$$\frac{\overset{3}{9} \times \overset{2}{280}}{\underset{3}{2} \times \underset{}{420}} = 3 \text{ Mt.}$$

21. In welcher Zeit hat derselbe sein Geld verzehrt, wenn er täglich a) 6,3 Mk.; b) 10,5 Mk.; c) 9,1 Mk. ausgibt?

22. Wenn der Schffl. Roggen 7,5 Mk. kostet, so kostet ein 10pfündiges Brot 1 Mk. Wie schwer muß nun ein Brot von 1 Mk. sein, wenn der Schffl. Roggen a) 6 Mk., b) 7,2 Mk., c) 8,25 Mk. kostet?

23. Eine Geldsumme sollte unter 24 Personen vertheilt werden. Wollte man jeder Person 19 Mk. 80 Pfg. geben, so würden 4 Mann nichts erhalten. Wie viel muß man jeder Person geben?

24. Wenn das HL. Korn 9 Mk. kostet, so wiegt ein Laib Brot 3 Pfd. 46 Dgr.; wie schwer soll derselbe sein, wenn das HL. 10,5 Mk. kostet?

VIII. Umrechnung der süddeutschen Währung in die neue Reichswährung.

A. Gulden und Kreuzer zu Mark und Reichspfennig und umgekehrt bis zum Betrage von 7 fl. resp. 12 Mark.

1. Verfahren (für das mündliche Rechnen).

Als Vermittlungsmünze kann das 20-Pfennigstück betrachtet werden, das 7 kr. gilt. 7 kr. sind also 20 Rpfg. und 20 Rpfg. sind 7 kr. Die Siebenerzahlen von 7 bis 70 und die Zwanziger-Zahlen von 20 bis 200 werden bis zur Geläufigkeit eingeübt. So oftmal 7 kr. gegeben sind, so viel mal 20 Rpfg. sind es, z. B. 28 (= 4 × 7) kr. = 4 × 20 = 80 Rpfg. 80 (= 4 × 20) Rpfg. = 4 × 7 = 28 kr.

1. Wie viele Rpfg. sind a) 14, b) 28, c) 21, d) 35 kr.?

2. Wie viele Kreuzer sind a) 80, b) 40, c) 100, d) 60, e) 20 Rpfg.?

Sind mehr als 35 kr. resp. 100 Rpfg. gegeben, so wird der Ueberschuß besonders berechnet, z. B. 49 kr. zu Rpfg. und 140 Rpfg. zu kr.

35 kr. = 1 Mk.	100 Rpfg. =	35 kr.
14 „ = 2 × 20 = 40 Rpfg.	40 „ = 2 × 7 = 14 kr.	
49 „ = 1 Mk. 40 Rpfg.	140 „ =	49 kr.

3. Wie viele Mk. und Rpfg. sind a) 56 kr., b) 42 kr., c) 49 kr., d) 1 fl. 3 kr., e) 1 fl. 10 kr.?

4. Wie viele Kreuzer sind a) 1,40 Mk., b) 1,80 Mk., c) 1,20 Mk., d) 1,60 Mk., e) 2 Mk.?

So oftmal 1 fl. 10 kr. gegeben sind, so oftmal 2 Mark hat man; umgekehrt sind 2 Mk. = 1 fl. 10 kr., z. B. 4 fl. 40 kr. = 4 × 1 fl. 10 kr. = 4 × 2 = 8 Mk. Dagegen 8 (= 4 × 2) Mk. = 4 × 1 fl. 10 kr. = 4 fl. 40 kr. Der Ueberschuß des Vielfachen von 1 fl. 10 kr. resp. 2 Mk. wird wieder besonders berechnet. Beisp. 2 fl. 48 kr. zu Mk. und 4,80 Mk. zu fl.

2 fl. 20 kr. = 2 × 2 = 4 Mk.		
28 „ = 4 × 20 = — „ 80 Rpfg.		
2 fl. 48 kr. =	4 Mk. 80 Rpfg.	

4 Mk. = 2 × 1 fl. 10 kr. = 2 fl. 20 kr.		
80 Rpfg. = 4 × 7 = — „ 28 „		
4 Mk. 80 Rpfg. =	2 fl. 48 kr.	

5. Wie viele Mk. und Pfg. sind a) 3 fl. 30 kr., b) 5 fl. 50 kr., c) 2 fl. 20 kr., d) 4 fl. 40 kr., e) 7 fl., f) 3 fl. 44 kr., g) 5 fl. 57 kr., h) 2 fl. 55 kr., i) 6 fl. 11 kr.?

6. Wie viele fl. und kr. sind a) 4 Mk., b) 8 Mk., c) 12 Mk., d) 7 Mk., e) 11 Mk., f) 4 Mk. 40 Pfg., g) 5 Mk. 20 Pfg., h) 10 Mk. 80 Pfg., i) 3 Mk. 40 Pfg.?

Auch das 10-Pfennigstück kann als Vermittlungsmünze betrachtet werden, da es 3½ kr. gilt. Als Vorübung wird zu jeder Siebenerzahl bis zu 70 noch 3½ addirt. Beisp. 31½ kr. zu Rpfg. und 90 Rpfg. zu kr.

$$
\begin{array}{rcl}
28 \text{ kr.} &=& 4 \times 20 = 80 \text{ Rpfg.} \\
3\tfrac{1}{2} \text{ ,,} &=& 10 \text{ ,,} \\
\hline
31\tfrac{1}{2} \text{ kr.} &=& 90 \text{ Rpfg.}
\end{array}
$$

$$
\begin{array}{rcl}
80 \text{ Rpfg.} &=& 4 \times 7 = 28 \text{ kr.} \\
10 \text{ ,,} &=& 3\tfrac{1}{2} \text{ ,,} \\
\hline
90 \text{ Rpfg.} &=& 31\tfrac{1}{2} \text{ kr.}
\end{array}
$$

Die Kreuzerzahl wird also aufgelöst in $x \times 7 + 3\tfrac{1}{2}$, dagegen die Pfennigzahl in $x \times 20 + 10$.

7. Wie viele Pfennige oder Mk. und Pfg. sind a) 17½ kr., b) 38½ kr., c) 24½ kr., d) 52½ kr., e) 2 fl. 23½ kr., f) 4 fl. 57½ kr., g) 5 fl. 53½ kr.?

8. Wie viele Kreuzer oder fl. und kr. sind a) 30 Pfg., b) 90 Pf., c) 1,30 Mk., d) 4,50 Pfg., e) 6,70 Mk., f) 2,50 Mk.?

Endlich kann auch das 5-Pfennigstück zu 1¾ kr. die Umwandlung vermitteln. Zu jeder Siebenerzahl addire man 1¾, sodann ebenso 3½ + 1¾. Beisp. 26¼ kr. zu Rpfg. und 75 Rpfg. zu kr.

$$
\begin{array}{rcl}
21 \text{ kr.} &=& 3 \times 20 = 60 \text{ Rpfg.} \\
3\tfrac{1}{2} \text{ ,,} &=& 10 \text{ ,,} \\
1\tfrac{3}{4} \text{ ,,} &=& 5 \text{ ,,} \\
\hline
26\tfrac{1}{4} \text{ kr.} &=& 75 \text{ Rpfg.}
\end{array}
$$

$$
\begin{array}{rcl}
60 \text{ Rpfg.} &=& 3 \times 7 = 21 \text{ kr.} \\
10 \text{ ,,} &=& 3\tfrac{1}{2} \text{ ,,} \\
5 \text{ ,,} &=& 1\tfrac{3}{4} \text{ ,,} \\
\hline
75 \text{ Rpfg.} &=& 26\tfrac{1}{4} \text{ kr.}
\end{array}
$$

9. Wie viele Rpfg. sind a) 15¾ kr., b) 36¾ kr., c) 33¼ kr., d) 47¼ kr.?

10. Wie viele kr. sind a) 45 Rpfg., b) 95 Rpfg., c) 1,35 Mk., d) 1,55 Mk.?

Es erübrigt nur noch, die Beträge von 1 bis 7 kr. und die

füdd. Pfennige, sowie die Beträge von 1 bis 20 Reichspfennigen umzuwandeln. 7 kr. = 20 Npfg. Wären 7 kr. = 21 Npfg., so würde 1 kr. = 3 Npfg. gelten; nun gilt er aber blos $2^6/7$ Npfg. Nach gesetzlicher Bestimmung wird jedoch ein Betrag unter $1/2$ Pfg., also $1/7$, $2/7$, $3/7$ Npfg. außer Beachtung gelassen, $1/2$ Npfg. und darüber aber, also $4/7$, $5/7$ und $6/7$ Npfg., als 1 Npfg. angesetzt. Mithin gilt:

1	füdd. Kreuzer	3	Npfg.	weniger	$1/7$	Npfg.	also genau	$2^6/7$	„
2	„	„	6	„	„	$2/7$	„	„	„	$5^5/7$	„
3	„	„	9	„	„	$3/7$	„	„	„	$8^4/7$	„
4	„	„	11	„	und	$3/7$	„	„	„	$11^3/7$	„
5	„	„	14	„	„	$2/7$	„	„	„	$14^2/7$	„
6	„	„	17	„	„	$1/7$	„	„	„	$17^1/7$	„
7	„	„	20	„			„	„	„	20	„
$1/4$	„	„	1	„	weniger	$2/7$	„	„	„	$5/7$	„
$1/2$	„	„	1	„	und	$3/7$	„	„	„	$1^1/7$	„
$3/4$	„	„	2	„	„	$1/7$	„	„	„	$2^3/7$	„

Wer also für 3 füdd. kr. 9 Npfg. zahlt, hat $3/7$ zu viel, und wenn er für 4 füdd. kr. 11 Npfg. erlegt, $3/7$ Npfg. zu wenig gezahlt. Diesen kleinen Verlust muß er der Ausgleichung zum Opfer bringen. Man merke also: 1 füdd. kr. = 3 Npfg., für 4, 5 und 6 kr. aber wird je 1 Npfg. vom Dreifachen der Kreuzerzahl abgezogen.

Beispiel: 3 fl. zu Mk. und Pfg. und 5 Mk. 14 Pfg. zu fl.

$$
\begin{array}{llll}
2 \text{ fl. } 20 \text{ kr. } = & 2 \times 2 = 4 & \text{Mk.} & \\
35 \text{ „ } = & & 1 & \text{„} \\
5 \text{ „ } = & & — \text{ „ } & 14 \text{ Pfg.} \\
\hline
3 \text{ fl. } — \text{ kr. } = & & 5 \text{ Mk. } & 14 \text{ Pfg.}
\end{array}
$$

$$
\begin{array}{lll}
4 \text{ Mk. } — \text{ Pfg. } = & 2 \text{ fl. } 20 \text{ kr.} \\
1 \text{ „ } — \text{ „ } = & 35 \text{ „} \\
— \text{ „ } 14 \text{ „ } = & 5 \text{ „} \\
\hline
5 \text{ Mk. } 14 \text{ Pfg. } = & 3 \text{ fl. } — \text{ kr.}
\end{array}
$$

11. Wie viele Mk. und Pfg. sind a) $40^1/2$ kr., b) 1 fl., c) 5 fl., d) 1 fl. 30 kr., e) 4 fl. $57^1/4$ kr., f) $58^3/4$ kr. g) 2 fl. 42 kr.?

12. Wie viele fl. und kr. sind a) 3 Mk. 11 Pfg., b) 92 Pfg., c) 5 Mk. 47 Pfg., d) 1 Mk. 24 Pfg., e) 11 Mk. 64 Pfg.?

Beispiel: 26 kr. zu Npfg. und 74 Npfg. zu kr.

$$
\begin{array}{lll}
28 \text{ kr. } = & 4 \times 20 = 80 & \text{Pfg.} \\
— 2 \text{ „ } = & 6 & \text{„} \\
\hline
26 \text{ kr. } = & 74 & \text{Pfg.}
\end{array}
$$

$$80 \text{ Rpfg.} = 4 \times 7 = 28 \text{ kr.}$$
$$- \quad 6 \quad „ \quad = \qquad\qquad 2 \text{ „}$$
$$\overline{74 \text{ Rpfg.} = \qquad\qquad 26 \text{ kr.}}$$

Nähert sich die gegebene Zahl der Kreuzer einer höheren Sie=
bener= und die Zahl der Rpfg. einer höheren Zwanzigerzahl, so
wird diese höhere Zahl umgewandelt und davon abgezogen, was
zu viel genommen wurde.

13. Wie viele Mk. und Pfg. sind a) 34 kr., b) 1 fl. 8 kr.,
c) 2 fl. 19 kr.?

14. Wie viele fl. und kr. sind a) 98 Rpfg., b) 1,17 Mk.,
c) 3,56 Mk.?

2. Verfahren (für das schriftliche Rechnen).

1 südb. kr. $= {}^{20}/_7$ Rpfg.; 1 Rpfg. $= {}^{7}/_{20}$ kr.

Beispiel: 21 kr. zu Rpfg.

In Divisionsform: In Bruchform:

$$\begin{array}{l} 21 \text{ kr.} \\ \times \quad 20 \\ \hline 7 \, | \, 420 \, | \, 60 \text{ Rpfg.} \end{array} \qquad \text{ober:} \qquad \begin{array}{l} 7 \, | \, 21 \, | \, 3 \\ \times \quad 20 \\ \hline 60 \text{ Rpfg.} \end{array} \qquad \frac{\overset{3}{21} \times 20}{7} = 60 \text{ Rpfg.}$$

Oder als Schlußrechnung.

$$7 \text{ kr.} = 20 \text{ Rpfg.}$$
$$21 \text{ „} = \quad ?$$

$$\begin{array}{l} 7 \text{ kr.} = 20 \text{ Rpfg.} \\ 1 \text{ „} = 20 : 7 = 2^6/_7 \text{ Rpfg.} \\ 14 \text{ „} = 14 \times 2^6/_7 = 60 \text{ „} \end{array} \qquad \frac{20 \times \overset{3}{21}}{7} = 60 \text{ Rpfg.}$$

Beispiel: 90 Rpfg. zu kr.

In Divisionsform: In Bruchform:

$$\begin{array}{l} 90 \\ 7 \\ \hline 20 \, | \, 630 \, | \, 31^1/_2 \text{ kr.} \end{array} \qquad \begin{array}{l} 20 \, | \, 90 \, | \, 4^1/_2 \\ \times \quad 7 \\ \hline 31^1/_2 \end{array} \qquad \frac{90 \times 7}{20} = \frac{63}{2} = 31^1/_2 \text{ kr.}$$

Oder als Schlußrechnung.

$$20 \text{ Rpfg.} = 7 \text{ kr.}$$
$$90 \text{ „} = ?$$

$$\begin{array}{l} 20 \text{ Rpfg.} = 7 \text{ kr.} \\ 1 \text{ „} = 7 : 20 = {}^{7}/_{20} \\ 90 \text{ „} = 90 \times {}^{7}/_{20} = 31^1/_2 \text{ kr.} \end{array}$$

$$\frac{7 \times 90}{20} = \frac{63}{2} = 31^1/_2 \text{ kr.}$$

Kreuzer werden in Reichspfennige verwandelt, indem man die Kreuzerzahl mit 20 vervielfacht und mit 7 theilt oder, was sich noch zweckmäßiger erweist, zuerst mit 7 theilt, dann mit 20 vervielfacht, oder man vervielfacht sie mit $^{20}/_7$, da 1 kr. $= ^{20}/_7$ Rpfg. Am behaltbarsten für das Gedächtniß ist die Schlußrechnung, wobei der Bedingsatz in allen Fällen heißt: 7 kr. $=$ 20 Rpfg.

Bei der Umwandlung der Kreuzer in Reichspfennige wird die Anzahl der Reichspfennige mit 7 vervielfacht und mit 20 getheilt, oder zuerst mit 20 getheilt und dann mit 7 vervielfacht oder in Bruchform mit $^7/_{20}$ multiplizirt, da 1 Rpfg. $= ^7/_{20}$ kr. Bei der Schlußrechnung heißt der Bedingsatz: 20 Rpfg. $=$ 7 kr.

20 besteht aus 10×2. Man vervielfacht also mit 20, indem man die gegebene Zahl mit 2 multiplizirt und 0 anhängt. Bei der Division mit 20 streicht man die Einerstelle ab und theilt dann mit 2.

15. Wie viele Mk. und Pfg. sind a) 51 kr., b) 1 fl., c) 1 fl. 45 kr., d) 2 fl. 24 kr.. e) 3 fl. 42 kr., f) 4 fl. 25 kr., g) 6 fl. 18 kr.?

16. Wie viele fl. und kr. sind a) 1,14 Mk., b) 3 Mk. 19 Pfg., c) 5$^1/_5$ Mk., d) 7,14 Mk., e) 9 Mk. 71 Pfg., f) 11$^3/_4$ Mk., g) 8$^7/_{10}$ Mk.?

3. Verfahren.

1 süddeutscher Kreuzer $=$ 3 weniger $^1/_7$ Rpfg. Man vervielfacht also die Kreuzerzahl mit 3 und zieht $^1/_7$ derselben vom Produkte ab.

Beisp. 28 kr. zu Rpfg. $3 \times 28 = 84$; $^1/_7$ von $28 = 4$; $84 - 4 = 80$ Pfg. 1 Rpfg. $= ^7/_{20}$ kr. $^7/_{20} = ^5/_{20}$ ($^1/_4$) $+$ $^2/_{20}$ ($^1/_{10}$) Man nimmt also von der Anzahl der Rpfg. den 4. und den 10. Theil und addirt beide Quotienten.

Beisp. 80 Rpfg. zu kr. $^{80}/_4 = 20$; $^{80}/_{10} = 8$; $20 + 8 = 28$.

Berechne auch in dieser Weise die Aufgaben Nr. 15 und 16!

B. Gulden zu Mark und umgekehrt.

1. Verfahren (für das mündliche Rechnen).

7 fl. $=$ 12 Mk. So oftmal 7 fl. gegeben sind, so oftmal 12 Mk. hat man, und so oftmal 12 Mk. man hat, so oftmal 7 fl. sind es. Auch dieses Verfahren setzt die Kenntniß der Siebener-, sowie auch der Zwölferzahlen voraus.

Beisp. 63 fl. zu Mk. und 132 Mk. zu fl.

$$63 = 9 \times 7; \qquad\qquad 132 = 11 \times 12;$$
$$9 \times 12 = 108 \text{ Mk.} \qquad 11 \times 7 = 77 \text{ fl.}$$

1. Wie viele Mk. sind: a) 21 fl., b) 49 fl., c) 91 fl., d) 147 fl., e) 280 fl., f) 427 fl., g) 574 fl.?

2. Wie viele fl. sind: a) 36 Mk., b) 84 Mk., c) 144 Mk., d) 372 Mk., e) 660 Mk., f) 1200 Mk., g) 3720 Mk.?

$3\frac{1}{2}$ fl. $= 6$ Mk. Zu jeder Siebenerzahl ist $3\frac{1}{2}$, zu jeder Zwölferzahl noch 6 zu addiren.

Beisp. $45\frac{1}{2}$ fl. zu Mk. und 102 Mk. zu fl.

$$42 \; (= 6 \times 7) \; \text{fl.} = 6 \times 12 = 72 \; \text{Mk.}$$
$$\underline{3\frac{1}{2} \; \text{fl.} = \qquad\qquad 6 \;\;\;\text{„}}$$
$$45\frac{1}{2} \; \text{fl.} = \qquad\qquad 78 \; \text{Mk.}$$

$$96 \; (= 8 \times 12) \; \text{Mk.} = 8 \times 7 = 56 \;\;\;\; \text{fl.}$$
$$\underline{6 \; \text{Mk.} = \qquad\qquad 3\frac{1}{2} \;\;\;\text{„}}$$
$$102 \; \text{Mk.} = \qquad\qquad 59\frac{1}{2} \; \text{fl.}$$

3. Wie viele Mk. sind: a) $24\frac{1}{2}$ fl., b) $52\frac{1}{2}$ fl., c) $73\frac{1}{2}$ fl., d) $157\frac{1}{2}$ fl.?

4. Wie viele fl. sind: a) 30 Mk., b) 66 Mk., c) 186 Mk., d) 258 Mk.?

$1\frac{3}{4}$ fl. $= 3$ Mk. Zu jeder Siebenerzahl ist vorerst $1\frac{3}{4}$, sodann $3\frac{1}{2} + 1\frac{3}{4}$ zu addiren, desgleichen zu jeder Zwölferzahl 6 und hierauf 9.

Beisp. $47\frac{1}{4}$ fl. zu Mark und 93 Mk. zu fl.

$$42 \; (= 6 \times 7) \; \text{fl.} = 6 \times 12 = 72 \; \text{Mk.}$$
$$3\frac{1}{2} \; \text{fl.} \qquad = \qquad\qquad 6 \;\;\;\text{„}$$
$$\underline{1\frac{3}{4} \;\;\text{„} \qquad = \qquad\qquad 3 \;\;\;\text{„}}$$
$$47\frac{1}{4} \; \text{fl.} \qquad = \qquad\qquad 81 \; \text{Mk.}$$

$$84 \; (= 7 \times 12) \; \text{Mk.} = 7 \times 7 = 49 \;\;\;\; \text{fl.}$$
$$6 \; \text{Mk.} \qquad = \qquad\qquad 3\frac{1}{2} \;\;\;\text{„}$$
$$\underline{3 \;\;\;\text{„} \qquad = \qquad\qquad 1\frac{3}{4} \;\;\;\text{„}}$$
$$93 \; \text{Mk.} \qquad = \qquad\qquad 54\frac{1}{4} \; \text{fl.}$$

5. Verwandle in Mk.: a) $10\frac{1}{2}$ fl., b) $61\frac{1}{4}$ fl., c) $78\frac{3}{4}$ fl., d) $117\frac{1}{4}$ fl.!

6. Verwandle in fl.: a) 21 Mk., b) 51 Mk., c) 131 Mk., d) 201 Mk.!

Da indessen die Zahl der Gulden und Mark nicht immer mit 7 resp. 12 ohne Rest theilbar ist, so haben wir noch die Beträge von 1 bis 7 fl., sowie von 1 bis 12 Mk. umzuwandeln, um, wenn sich ein solcher Rest ergibt, diesen besonders berechnen und der schon gefundenen Summe beifügen zu können. Die folgende Tabelle ist dem Gedächtnisse einzuprägen.

$$
\begin{aligned}
1 \text{ fl.} &= 1 \text{ Mf. } 71 \text{ Pfg. (und } ^3/_7 \text{ Pfg.)} \\
2 \;\text{ „ } &= 3 \;\text{ „ } 43 \;\text{ „ } \text{ (weniger } ^1/_7 \text{ Pfg.)} \\
3 \;\text{ „ } &= 5 \;\text{ „ } 14 \;\text{ „ } \text{ (und } ^2/_7 \text{ Pfg.)} \\
4 \;\text{ „ } &= 6 \;\text{ „ } 86 \;\text{ „ } \text{ (weniger } ^2/_7 \text{ Pfg.)} \\
5 \;\text{ „ } &= 8 \;\text{ „ } 57 \;\text{ „ } \text{ (und } ^1/_7 \text{ Pfg.)} \\
6 \;\text{ „ } &= 10 \;\text{ „ } 29 \;\text{ „ } \text{ (weniger } ^3/_7 \text{ Pfg.)} \\
7 \;\text{ „ } &= 12 \;\text{ „ } - \;\text{ „ }
\end{aligned}
$$

1 Mf. = — fl. 35 fr.	7 Mf. = 4 fl. 5 fr.
2 „ = 1 „ 10 „	8 „ = 4 „ 40 „
3 „ = 1 „ 45 „	9 „ = 5 „ 15 „
4 „ = 2 „ 10 „	10 „ = 5 „ 40 „
5 „ = 2 „ 45 „	11 „ = 6 „ 15 „
6 „ = 3 „ 30 „	12 „ = 7 „ — „

Beisp. 51 fl. zu Mf. und 99 Mf. zu fl.

$$
\begin{aligned}
49 \;(= 7 \times 7) \text{ fl.} &= 7 \times 12 = 84 \quad\text{Mf.} \\
2 \text{ fl.} &= \hphantom{00000000} 3{,}43 \;\text{ „ } \\
\hline
51 \text{ fl.} &= \hphantom{00000000} 87{,}43 \;\text{Mf.}
\end{aligned}
$$

$$
\begin{aligned}
96 \;(= 8 \times 12) \text{ Mf.} &= 8 \times 7 = 56 \quad\text{fl.} \\
3 \text{ Mf.} &= \hphantom{00000000} 1 \,^3/_4 \;\text{ „ } \\
\hline
99 \text{ Mf.} &= \hphantom{00000000} 57 \,^3/_4 \;\text{fl.}
\end{aligned}
$$

7. Wie viele Mf. sind: a) 57 fl., b) 72 fl., c) 148 fl., d) 225 fl.?

8. Wie viele fl. sind: a) 49 Mf., b) 87 Mf., c) 145 Mf., d) 290 Mf.?

Nähert sich die gegebene Zahl der Gulden und Mark einer höheren Siebener- oder Zwölferzahl, so wird zuerst diese berechnet und vom erhaltenen Betrage das Mehrgenommene in Abzug gebracht.

Beisp. 138 fl. zu Mf. und 131 Mf. zu fl.

$$
\begin{aligned}
140 \text{ fl.} &= 240 \quad\text{Mf.} & 132 \text{ Mf.} &= 77 \text{ fl. } - \text{ fr.} \\
-\;2 \;\text{ „ } &= 3{,}43 \;\text{ „ } & -\;1 \;\text{ „ } &= - \;\text{ „ } 35 \;\text{ „ } \\
\hline
138 \text{ fl.} &= 236{,}57 \text{ Mf.} & 131 \text{ Mf.} &= 76 \text{ fl. } 25 \text{ fr.}
\end{aligned}
$$

9. Verwandle in Mf.: a) 48 fl., b) 209 fl., c) 286 fl., d) 699 fl.!

10. Verwandle in fl.: a) 95 Mf., b) 251 Mf., c) 479 Mf., d) 1198 Mf.!

Sind nebst Gulden noch Kreuzer oder nebst Mark noch Pfennige gegeben, so werden diese besonders berechnet und dem erhaltenen Betrage beigefügt, soferne das Verfahren A 1 nicht größere Vortheile bietet.

Beiſp. 28 fl. 15 kr. zu Mk. und 25 Mk. 65 Pfg. zu fl.

$$28 \text{ fl.} — \text{ kr.} = 48 \text{ Mk.} — \text{ Pf.}$$
$$—\text{ „ } 14 \text{ „ } = —\text{ „ } 40 \text{ „ }$$
$$—\text{ „ } 1 \text{ „ } = —\text{ „ } 3 \text{ „ }$$
$$28 \text{ fl.} 15 \text{ kr.} = 48 \text{ Mk.} 43 \text{ Pf.}$$

$$24 \text{ Mk.} — \text{ Pfg.} = 14 \text{ fl.} — \text{ kr.}$$
$$1 \text{ „ } — \text{ „ } = —\text{ „ } 35 \text{ „ }$$
$$—\text{ „ } 60 \text{ „ } = —\text{ „ } 21 \text{ „ }$$
$$—\text{ „ } 5 \text{ „ } = —\text{ „ } 1^{3/4} \text{ „ }$$
$$25 \text{ Mk.} 65 \text{ Pfg.} = 14 \text{ fl.} 57^{3/4} \text{ kr.}$$

11. Wie viele Mk. ſind: a) 25 fl. 18 kr., b) 49 fl. 27 kr., c) 77 fl. 50 kr.?

12. Wie viele fl. ſind: a) 36 Mk. 27 Pf., b) 50¼ Mk. c) 180,15 Mk.?

2. Verfahren (für das ſchriftliche Rechnen).

1 fl. = $^{12}/_7$ Mk. Man vervielfacht die Guldenzahl mit 12 und theilt das Produkt mit 7 oder umgekehrt dividirt zuerſt mit 7 und multiplizirt dann mit 12; auch kann man, was ganz daſſelbe iſt, die Guldenzahl mit $^{12}/_7$ vervielfachen.

1 Mk. = $^7/_{12}$ fl. Hier wird in entgegengeſetzter Weiſe mit 7 vervielfacht und mit 12 getheilt.

Für die Schlußrechnung heißen die Anſätze: 7 fl. ſind 12 Mk. und 12 Mk. ſind 7 fl.

Da 12 aus 3 × 4 beſteht, ſo kann man, ſtatt mit 12, eine Zahl auch mit 3 und 4 oder mit 4 und 3 vervielfachen und theilen.

Beiſpiel. 2947 fl. zu Mk.

In Diviſionsform:

$$\begin{array}{r} 2947 \text{ fl.} \\ \times 12 \\ \hline 5894 \\ 2947 \\ \end{array} \qquad \text{oder: } 7 \mid 2947 \mid 421$$

$$7 \mid \overline{35364} \mid 5052 \text{ Mk.}$$

$$\begin{array}{r} \times 4 \\ \hline 1684 \\ \times 3 \\ \hline 5052 \text{ Mk.} \end{array}$$

In Bruchform:

$$\frac{\overset{421}{\cancel{2947}} \times 12}{\cancel{7}} = 5052 \text{ Mk.}$$

Oder als Schlußrechnung.

$$7 \text{ fl.} = 12 \text{ Mk.}$$
$$2947 \text{ fl.} = ?$$

$$7 \text{ fl.} = 12 \text{ Mk.}$$
$$1 \text{ „} = 12 : 7 = 1^5/_7 \text{ Mk.}$$
$$2947 \text{ „} = 2947 \times 1^5/_7 = 5052 \text{ Mk.}$$

$$\frac{12 \times \overset{421}{2947}}{7} = 5052 \text{ Mk.} \quad \text{ober:} \quad \begin{array}{l} 7 \text{ fl.} = 12 \text{ Mk.} \\ 2947 = 421 \times 7 = \\ 421 \times 12 = 5052 \text{ Mk.} \end{array}$$

Beispiel. 4932 Mk. zu fl.

In Divisionsform:

$$\begin{array}{c} 4932 \text{ Mk.} \\ 7 \\ \hline 12 \,|\, 34524 \,|\, 2877 \text{ fl.} \end{array} \qquad \text{ober:} \quad \begin{array}{l} 4 \,|\, 4932 \,|\, 1233 \\ 3 \,|\, 1233 \,|\, 411 \\ 7 \\ \hline 2877 \text{ fl.} \end{array}$$

In Bruchform:

$$\frac{\overset{411}{\cancel{4932}} \times 7}{\cancel{12}} = 2877 \text{ fl.}$$

Oder als Schlußrechnung.

$$12 \text{ Mk.} = 7 \text{ fl.}$$
$$4932 \text{ „} \quad ?$$

$$\begin{array}{l} 12 \text{ Mk.} = 7 \text{ fl.} \\ 1 \text{ Mk.} = {}^7/_{12} \text{ fl.} \\ 4932 \text{ Mk.} = 4932 \times {}^7/_{12} = \\ \phantom{4932 \text{ Mk.} =} 2877 \text{ fl.} \end{array} \qquad \begin{array}{l} 12 \text{ Mk.} = 7 \text{ fl.} \\ 4932 \text{ Mk.} = 411 \times 12 = \\ 4932 \text{ Mk.} = 411 \times 7 = \\ \phantom{4932 \text{ Mk.} =} 2877 \text{ fl.} \end{array}$$

$$\frac{7 \times \overset{411}{\cancel{4932}}}{\cancel{12}} = 2877 \text{ fl.}$$

13. Verwandle in Mk.: a) 7784 fl., b) 3787 fl., c) 5101 fl.!

14. Verwandle in fl.: a) 1452 Mk., b) 2796 Mk., c) 6288 Mk.!

3. Verfahren.

Als Zwischenmünze für Gulden und Mark besteht der Thaler. 7 fl. = 4 Thaler = 12 Mark. Man verwandelt daher die fl. in Thaler u. die Thaler in Mark u. umgekehrt die Mark in Thaler u. die Thaler in fl. Dieses Verfahren beruht darauf, daß man statt mit 12 mit den Faktoren dieser Zahl: 3 × 4 vervielfachen und theilen kann. Nachdem die Verwandlung der Gulden und Thaler bereits, besonders in Nordbayern, als bekannt vorauszusetzen ist und die sich anschließende Verwandlung der Thaler und Mark gar keine Schwierigkeit bietet, so ist anzunehmen, daß diese Umwandlungsmethode besonders für größere Zahlen die volksthümlichste werden wird, weßhalb ihr besondere Beachtung zu schenken ist.

Beisp.   371 fl. zu Mk. und 495 Mk. zu fl.

$$371 \text{ fl.}$$
$$\underline{4}$$
$$7 \mid \overline{1484} \mid 212 \text{ Thlr.} =$$
$$\underline{\times \ 3}$$
$$636 \text{ Mk.}$$
$$\underline{1 \text{ fl.} = \quad 1,71 \text{ Mk.}}$$
$$358 \text{ fl.} = \quad 637,71 \text{ Mk.}$$

$$495 \text{ Mk.} =$$
$$3 \mid 495 \mid 165 \text{ Thlr.} =$$
$$\underline{7}$$
$$4 \mid \overline{1155} \mid 288\tfrac{3}{4} \text{ fl.}$$

1 fl. = ⁴/₄ fl. und ⁷/₄ fl. geben 1 Thlr. Daher wird die Guldenzahl mit 4 vervielfacht und mit 7 getheilt, wodurch man Thaler erhält, deren Anzahl mit 3 vervielfacht wird, da 1 Thlr. = 3 Mk. Bei Verwandlung der Mk. in fl. wird das entgegengesetzte Verfahren eingeschlagen.

15.   Wie viele Mk. sind: a) 511 fl., b) 1000 fl., c) 2172 fl., d) 5965 fl.?

16.   Wie viele fl. sind: a) 894 Mk., b) 2000 Mk., c) 3516 Mk., d) 6740 Mk.?

4. Verfahren.

1 fl. = ¹²/₇ Mk. Nehmen wir an, 1 fl. sei gleich ¹⁴/₇ Mk. oder 2 Mk. oder 70 kr., so dürften wir nur die Guldenanzahl mit 2 vervielfachen und hätten sofort die fl. in Mk. verwandelt. Dann hätten wir aber bei jedem Gulden 10 kr. oder ²/₇ Mk. zu viel genommen. Wir werden daher den 7. Theil der bereits berechneten Markanzahl hievon abziehen.

Beispiel. 91 fl. zu Mk.   2 × 91 = 182 − (¹⁸²/₇ =) 26 = 156 fl.   1 Mk. = ⁷/₁₂ fl.; ⁷/₁₂ fl. oder 35 kr. = ¹/₂ fl. + ¹/₁₂ fl. Von der Markanzahl nimmt man die Hälfte, sowie den 12. Theil und addirt beide Quotienten. Oder man nimmt die Hälfte der Markanzahl und addirt ¹/₆ derselben dazu.

Beisp. 168 Mk. zu fl.

168 Mk. = ¹⁶⁸/₂ + ¹⁶⁸/₁₂ fl. = 84 + 14 = 98 fl.

Berechne in dieser Weise die Aufgaben Nr. 15 und 16!

5. Verfahren.

1 fl. = 35 kr. + 5 × 5 kr. oder 1 fl. = 1 Mk. + 5 × ¹/₇ Mk. Man nimmt daher die Guldenanzahl zugleich als Markanzahl und zählt den 7. Theil derselben 5 mal dazu.

Beisp. 98 fl. zu Mk.

98 fl. = 98 Mk. + (5 × ⁹⁸/₇) (= 5 × 14 = 70) = 168 Mk.

1 Mk. = 1 fl. weniger 5 × ¹/₁₂ fl. oder 1 Mk. = 60 k. — 5 × 5 kr.

Auch die Markanzahl kann man als Guldenanzahl betrachten, muß aber hievon 5mal den 12. Theil abziehen.

Beisp. 192 Mk. zu fl.

192 Mk. = 192 fl. — (5 × ¹⁹²/₁₂) (5 × 16 = 80) = 112 fl.

Nach diesem Verfahren sind die Aufgaben Nr. 13 und 14 zu berechnen.

6. Verfahren.

Will man Gulden in Thaler umsetzen, so verwandelt man die Gulden in Viertelsgulden und nimmt 7 derselben zu einem Thaler. Da nun 60 = 12 × 5 und 35 = 7 × 5 und wieder 5 kr. = ¹/₁₂ fl., so kann man auch hier in ähnlicher Weise verfahren, indem man die Gulden in Zwölftelsgulden oder Fünfer verwandelt und 7 derselben zu 1 Mark nimmt. Beispiel. 114 fl. 15 kr. zu Mk.

$$114^{3/12} \text{ fl.}$$
$$\underline{\quad 12 \quad}$$
$$231$$
$$114$$
$$7 \mid \overline{1371} \mid 195^{6/7} \text{ Mk.}$$

Auch die Mk. verwandelt man in ⁷/₁₂ fl. oder 7 Fünfer und nimmt 12 derselben zu 1 fl. Beisp. 217 Mk. zu fl.

$$217$$
$$\underline{\quad 7 \quad}$$
$$12 \mid \overline{1519} \mid 126^{7/12} \text{ fl.}$$

Berechne ebenso die Aufgaben Nr. 13, 14, 15 und 16!

7. Verfahren.

Für die an Oesterreich grenzenden Gebietstheile Bayerns, deren Bewohner in der Umwandlung der süddeutschen und österreichischen Gulden geübt sind, möchte es sich empfehlen, die süddeutschen Gulden in österreichische Gulden und diese in Mark und umgekehrt umzusetzen.

$$7 \text{ fübb. fl.} = 6 \text{ öfterr. fl.}$$
$$1 \quad " \quad " = {}^{6}/_{7} \quad " \quad " = 2 \text{ Mt.}$$

Die Anzahl der fübb. fl. wird mit 6 multiplizirt und mit 7 dividirt. Vom Quotienten nimmt man das Doppelte. Oder: Man zieht von der Anzahl fübb. fl. ¹/₇ derselben ab und vervielfacht den Rest mit 2. Beifp. 63 fübb. fl. zu Mt.

$$6 \times 63 = 378 : 7 = 54 \times 2 = 108 \text{ Mt.}$$

Oder: ⁶³/₇ = 9; 63 − 9 = 54; 54 × 2 = 108 Mt.

Umgekehrt verwandelt man die Mark in öfterr. fl. durch Division mit 2 und diese in fübb. fl., indem man ¹/₆ ihrer Anzahl dazu addirt.

Beifp. 156 Mt. zu fl.

156 : 2 = 78; ⁷⁸/₆ = 13; 78 + 13 = 91 fl.

Hiezu die Aufgaben Nr. 15 und 16.

Aufgaben.

Die Preise der nachfolgend verzeichneten Viktualien und fonftigen Gegenstände des täglichen Bedarfs, in fübb. Währung ausgedrückt, find in die neue Reichswährung umzurechnen.

Gegenstände.	Preis fl.	Preis kr.	Gegenstände.	Preis fl.	Preis kr.
1 Pfd. Maftochfenfleisch	—	22	1 Kapaun	2	30
„ Kuhfleisch	—	21	1 Gans	2	48
„ Kalbfleisch	—	20	1 Ente	1	12
„ Schaffleisch	—	15	1 Spanferkel	4	30
„ rohes Schweinfl.	—	24	1 Pfd. Kochfalz	—	4
„ geräuchertes „	—	34	„ Kaifermehl	—	12½
„ Schweinfett	—	30	„ Mundmehl	—	10½
eine rohe Ochfenzunge	1	42	„ Semmelmehl	—	8¾
1 Pfd. Seife	—	15	„ Weizenmehl	—	7¾
„ Kerzen	—	22	„ Roggenmehl	—	7²/₄
1 Zentner Unfchlitt	19	—	1 Liter Bier	—	9
1 Pfd. Schmalz	—	36	„ Bieressig	—	5
„ Butter	—	37	„ Obfteffig	—	7
5 Stück Eier	—	8	„ Branntwein	—	48
1 Henne	1	6	„ Kirschwaffer	2	42
1 Indian	2	42	„ Milch	—	6

Gegenstände.	Preis fl.	kr.	Gegenstände.	Preis fl.	kr.
1 Liter Rahm	—	24	1 Zentner Roggenstroh	1	48
1 Pfd. Leinöl	—	16	„ Haberstroh	1	18
„ Kaffee	—	54	„ Steinkohlen	—	40
„ Zucker	—	20	„ Braunkohlen	—	35
1 Hektoliter Kartoffel	3	15	„ Torf	—	27
1 Banzen Aepfel	20	—	1 Kubikmeter Fichtenkohlen	5	45
1 Pfd. gedörrte Zwetschgen	—	16	„ Buchenkohlen	8	45
„ „ Kirschen	—	24	1 Pfd. Karpfen	—	32
1 Liter weiße Rüben	—	3	„ Hechte	—	42
„ gelbe Rüben	—	5	„ Huchen	—	54
„ Zwiebeln	—	9	„ Rutten	—	48
1 Ster (⅓ Klftr.) Buchenholz	6	48	„ Forellen	1	30
„ Birkenholz	6	—	„ Aalfische	1	32
„ Föhrenholz	5	12	„ Barben	—	24
„ Fichtenholz	5	6	„ Waller	—	51
1 Zentner Heu	2	27	1 Hundert Krebse	—	36
„ Grummet	1	48	1 Wiedel Frösche	—	15
„ Weizenstroh	2	6	1 Zentner Weizen	6	23
„ ober= und nieberbayr. Hopfen	173	—	„ Korn	5	55
„ Spalter Hopfen Landgut	192	—	„ Gerste	5	6
„ dsgl. Stadtgut	205	—	„ Haber	5	32
„ Schwetzinger Gut	184	—	„ Wicken	4	53
			„ Reps	7	1
			„ Lein	8	32

Tabelle I.

Umwandlung der süddeutschen Währung in die neue Reichswährung.

Südd. Währung.			Reichswährung.			
			annähernd		genau	
fl.	kr.	Pfg.	Mk.	Pfg.	Mk.	Pfg.
—	—	1	—	1	—	$5/7$
—	—	2	—	1	—	$1\,3/7$
—	—	3	—	2	—	$2\,1/7$
—	1	—	—	3	—	$2\,6/7$
—	2	—	—	6	—	$5\,5/7$
—	3	—	—	9	—	$8\,4/7$
—	4	—	—	11	—	$11\,3/7$
—	5	—	—	14	—	$14\,2/7$
—	6	—	—	17	—	$17\,1/7$
—	7	—	—	20	—	20
1	—	—	1	71	1	$71\,3/7$
2	—	—	3	43	3	$42\,6/7$
3	—	—	5	14	5	$14\,2/7$
4	—	—	6	86	6	$85\,5/7$
5	—	—	8	57	8	$57\,1/7$
6	—	—	10	29	10	$28\,4/7$
7	—	—	12	—	12	—
70	—	—	120	—	120	—
100	—	—	171	43	171	$42\,6/7$
1000	—	—	1714	29	1714	$28\,4/7$

Beiſpiel.

1369 fl. 33 kr. 3 Pfg. zu Mk.

a) annähernd:

1000 fl. — kr. =				1714 Mk.	29 Pfg.
300 „ — „ =	3 × 171 Mk.	43 Pfg. =	514 „	29 „
63 „ — „ =	9 × 12 „	— „ =	108 „	— „
6 „ — „ =			10 „	29 „
— „ 28 „ =	4 × 20 Pfg.		— „	80 „
— „ 5 „ =			— „	14 „
— „ —³/₄ „ =			— „	2 „

1369 fl. 33³/₄ kr. $\qquad$ = $\qquad$ 2347 Mk. 83 Pfg.

b) genau:

1000 fl. — kr. =				1714 Mkr.	28⁴/₇ Pfg.
300 „ — „ =	3 × 171 Mk.	42⁶/₇ Pfg. =	514 „	28⁴/₇ „
63 „ — „ =	8 × 12 „	— „ =	108 „	— „
6 „ — „ =			10 „	29⁴/₇ „
— „ 28 „ =	4 × 20 Pfg.	=	— „	80 „
— „ 5 „ =			— „	14²/₇ „
— „ —³/₄ „ =			— „	2¹/₇ „

1369 fl. 33³/₄ kr. $\qquad$ = $\qquad$ 2347 Mk. 82¹/₇ Pfg.

Tabelle II.

Umwandlung der neuen Reichswährung in die süddeutsche Währung.

Reichs-Währung		Südd. Währung						Reichs-währung		Südd. Währung	
		annähernd			genau						
Mk.	Pfg.	fl.	kr.	Pfg.	fl.	kr.	Pfg.	Mk.	Pf.	fl.	kr.
—	1	—	—	1	—	—	1 2/5	1	—	—	35
—	2	—	—	3	—	—	2 4/5	2	—	1	10
—	3	—	1	—	—	1	1/5	3	—	1	45
—	4	—	1	2	—	1	1 3/5	4	—	2	20
—	5	—	1	3	—	1	3	5	—	2	55
—	6	—	2	—	—	2	2/5	6	—	3	30
—	7	—	2	2	—	2	1 4/5	7	—	4	5
—	8	—	2	3	—	2	3 1/5	8	—	4	40
—	9	—	3	1	—	3	3/5	9	—	5	15
—	10	—	3	2	—	3	2	10	—	5	50
—	11	—	3	3	—	3	3 2/5	11	—	6	25
—	12	—	4	1	—	4	4/5	12	—	7	—
—	13	—	4	2	—	4	2 1/5	100	—	58	20
—	14	—	5	—	—	4	3 3/5	1000	—	583	20
—	15	—	5	1	—	5	1				
—	16	—	5	2	—	5	2 2/5				
—	17	—	6	—	—	5	3 4/5				
—	18	—	6	1	—	6	1 1/5				
—	19	—	6	3	—	6	2 3/5				
—	20	—	7	—	—	7	—				

Beispiel.

2593 Mk. 94 Pfg. zu Gulden.

2000 Mk.	— Pfg.	= 2 × 583 fl. 20 kr.	=	1166 fl.	40 kr.
500 „	— „	= 5 × 58 „ 20 „	=	291 „	40 „
72 „	— „	= 6 × 7 „	=	42 „	— „
11 „	— „	=		6 „	25 „
— „	80 „	= 4 × 7 kr.	=	— „	28 „
— „	14 „	=		— „	5 „
2593 Mk. 94 Pfg. =				1507 fl.	18 kr.

IX. Anwendung der neuen Münzrechnung auf die metrischen Maße und Gewichte.

A. Das Längenmaß.

Wie die Mark die Einheit des Münzsystems bildet, so ist die Einheit des Längenmaßes das Meter b. i. der 40 Millionste Theil eines Erdmeridians. Die Obermaße werden durch die Wörter deka*) = 10, hekto = 100, kilo = 1000, dagegen die Untermaße durch die Wörter deci = Zehntel, centi = Hundertstel, milli = Tausendstel bezeichnet. Das Hektometer ist in das Gesetz für Bayern nicht aufgenommen. Von den übrigen Maßen findet außer dem Meter das Kilometer als Wegmaß die meiste Anwendung. Wie bei den Münzen die Pfennige, so werden hier die Untermaße als Dezimalbrüche angeschrieben. Man liest die Schreibweise 7,35 Mark nicht etwa 7 Mark 35 Pfg., sondern 7,35 Hundertstels Mark, ebenso nicht 7 Meter 35 Zentimeter, sondern 7,35 Hundertstels Meter. Wie man ferner 1 Pfg. als $^1/_{10}$ Zehner auffassen kann, so ist 1 Zentim. = $^1/_{10}$ Dezim. In diesem Falle bildet der Zehner beziehungsweise das Dezimeter vorübergehend die Einheit. Das Verhältniß der metrischen Längenmaße zum Münz= und Zahlen= system findet in folgender Tabelle seine Darstellung:

Münzen	Längen= Maße	Zahlen = System		
10000 Mark	Myriameter Mm.	10000	Zehntausender	5
1000 Mark	Kilometer Km.	1000	Tausender	4
100 Mark	Hektometer Hm.	100	Hunderter	3
1 Zehnmarkstück	Dekameter Dm.	10	Zehner	2
1 Mark	Meter m.	1	Einer	1
1 Zehner	Dezimeter dm.	0,1	Zehntel	2
1 Pfennig	Zentimeter cm.	0,01	Hundertstel	3
0,1 Pfennig	Millimeter mm.	0,001	Tausendstel	4

---

*) Im griechischen heißt deka 10, hekaton 100, chilioi 1000; die Namen für die Untermaße stammen von den lateinischen Wörtern decimus der 10., cen- tesimus der 100. millesimus der 1000.

Kostet 1 Zentimeter 1 Pfennig, so kostet 1 Meter 1 Mark. Weil 1 Mtr. das Hundertfache eines Zentimeters ist, so kostet es auch 100mal 1 Pfg., d. i. 1 Mk. Umgekehrt ist 1 Zentimeter der 100. Theil eines Meters, kostet daher den 100. Theil von 1 Mk. = 1 Pfg. In dem Verhältnisse von 1 zu 100 stehen ferner: 1 Millimeter zu 1 Dezimeter, 1 Dezimeter zu 1 Dekameter, 1 Meter zu 1 Hektometer, 1 Dekameter zu 1 Kilometer und 1 Hektometer zu 1 Myriameter. Obige Regel findet daher auf alle diese Verhältnisse gleiche Anwendung.

Wenn 1 Zentim. 3 Pfg. kostet, so kostet 1 Dez. 3 Zehner, 1 Mtr. 3 Mk. Kostet 1 Mtr. 5 Mk. 25 Pfg. = 5,25 Mk., so kosten 10 Mtr. = 52,5 Mk. und 100 Mtr. = 525 Mk. Kostet dagegen 1 Mtr. 2,35 Mk., so kommt 1 Dezim. auf 0,235 Mk. und 1 Zentim. auf 0,0235 Mk.

1. 1 Mtr. kostet 3 Mk. 45 Pfg.; was kosten a) 10 Mtr.; b) 100 Mtr.; c) 120 Mtr.; d) 12 Mtr. 17 Zentim.; e) 25 Mtr. 8 Dezim.?

2. 1 Zentim. kostet 7 Pfg., was kosten a) 3 Mtr.; b) 100 Mtr.; c) 4,35 Mtr.; d) 6½ Mtr.; e) 8,7 Mtr.; f) 5 Mtr. 75 Zent.?

3. Um 1 Mk. kauft man 3,63 Mtr., was erhält man für 8 Pfg.?

4. Für 1 Pfg. erhält man 3 Zentim., was für 5 Mk. 19 Pfg.?

5. 4 Dezim. kosten 27 Pfg., was kosten 12 Dekameter?

6. 3 Mtr. 75 Zentim. kosten 11 Mk. 25 Pfg., was kosten 7 Mtr. 50 Zent.?

7. 4 Mtr. kosten 10 Mk. 8 Pfg., was kosten a) 7 Mtr.; b) 2 Mtr. 24 Zent.; c) 5 Mtr. 7 Dezim.; d) 14 Mtr. 61 Ztm.?

8. 3 Ztm. kosten 21 Pfg., was kosten a) 3 Mtr.; b) 3,14 Mtr.; c) 2,8 Mtr.; d) 12½ Mtr.?

B. Das Flächenmaß.

Die Einheit des Flächenmaßes bildet das Quadratmeter, d. i. eine Fläche zu 1 m. Länge und 1 m. Breite. Eine Fläche zu 10 m. Länge und 10 m. Breite gibt 10 × 10 = 100 ☐ m. oder 1 Ar. Ist die Fläche aber 100 m. lang und 100 m. breit, so erhalten wir 100 × 100 = 10000 ☐ m. oder 1 Hektar = 100 Ar. Beide sind als Feldmaße in Bayern noch nicht gesetzlich eingeführt. Wird am ☐ m. jede Seite in 10 dm. getheilt und werden die Theilungspunkte durch Linien verbunden, so ergeben sich 10 × 10 = 100 ☐ dm., und theilt man auch 1 dm. in derselben Weise, so erhält man 100 ☐ cm. Während also beim Längenmaß jedes nachfolgende Obermaß das Zehnfache, jedes nächstfolgende Untermaß der 10. Theil des vorhergehenden war, steigt und fällt das Flächenmaß in Hunderten. Das Verhältniß desselben zum Münzsysteme ist also insoferne ein anderes, als sich jetzt das □ mm. zu □ cm., ferner das □ dm. zum □ m. 2c. verhält wie 1 Pfg. zu 1 Mk., wobei die Zwischenmünze „Zehner" ausfällt.

Zahlen-System	1000000	10000	100	1	0,01	0,0001	0,000001
	1000 × 1000	100 × 100	10 × 10	1 × 1	0,1 × 0,1	0,01 × 0,01	0,001 × 0,001
Flächen-Maße	Km. □	Hm. (Hektar) □	Dm. (Ar) □	1 □ m. (Zentiar)	□ dm.	□ cm.	□ mm.
Münzen	1 Million Mark	10000 Mark	100 Mark	1 Mark	1 Pfennig	0,01 Pfennig	0,0001 Pfennig

Kostet ein □ m. 1 Mk., so kostet 1 □ dm., d. i. der 100 Theil eines □ m. = 1 Pfg., ebenso entgegengesetzt.

9. 3 □ dm. kosten 8 Mk. 22 Pfg., wie hoch kommen a) 5 □ m.; b) 7 □ m. 4 □ dm.; c) 12 □ m. 51 □ dm.?

10. 2 □ m. kosten 27 Mk. 18 Pfg., wie hoch kommen a) 5 □ dm.; b) 12 □ dm.; c) 78 □ dm.?

11. 7 □ dm. kosten 35 Mk. 50 Pfg., was kosten a) 9 □ m.; b) 4 □ m. 16 □ dm.; c) 3 □ Dm.; d) 8 □ Dm. 27 □ m.?

12. 2 □ Km. kosten 7359 Mk., was kosten a) 5 □ Hm.; b) 12 □ Hm. 17 □ Dm.; c) 12 □ m.; d) 25 □ Dm. 55 □ m.; e) 15 □ m. 3 □ dm.?

C. Das Körpermaß.

Das Körper= oder Kubikmaß wird gefunden durch Multiplika-
tion der Länge, Breite und Höhe eines Körpers, der von 6 Flächen
begrenzt ist. Ein Kubikmeter ist 1 m. lang, 1 m. breit, 1 m. hoch
und bildet die Einheit des Kubikmaßes. Ist der Körper 10 m.
lang, breit und hoch, so erhalten wir $10 \times 10 \times 10 = 1000$
Kubikmeter $= 1$ Kubikdekameter. Wie beim Flächenmaß das Hun=
dertfache, so haben wir hier in jeder folgenden Maßsorte nach Oben
das Tausendfache, nach Unten den Tausendtheil. Das Verhältniß
ist also gleich 1 Pfg. zu 10 Mark und umgekehrt, wobei 2 Zwi=
schenmünzen ausfallen.

	1000'000000	1'000000	1000	1	0,001	0,000001	0,000000001
Zahlen= System	$1000 \times 1000 \times 1000$	$100 \times 100 \times 100$	$10 \times 10 \times 10$	$1 \times 1 \times 1$	$0,1 \times 0,1 \times 0,1$	$0,01 \times 0,01 \times 0,01$	$0,001 \times 0,001 \times 0,001$
Körper= maße	cKm.	cHm.	cDm.	cm.	cdm.	ccm.	cmm.
Münzen	10000000 Mk.	10000 Mk.	10 Mk.	1 Pfg.	0,001 Pfg.		

13. Wenn 7 cmm. 84 Pfg., was koften a) 3 ccm.?
b) 5 cdm.? c) 2 ccm. 4 cmm.? d) 17 cm.?

14. 4 cm. koften 264 Mk., was koften a) 5 cdm.? b) 9 ccm.?
c) 15 cmm.? d) 2 cdm. 13 cmm.?

D. Das Hohlmaß.

Mit dem Hohlmaße werden Flüßigkeiten gemeffen, indem man sie in ein Gefäß gießt, deffen Raum-Inhalt bekannt ift. Die Einheit des Hohlmaßes bildet das Liter, d. i. 1 cdm. oder der 1000. Theil eines m. 100 Liter find 1 Hektoliter. Das Dekaliter und Kiloliter find in Bayern gesetzlich nicht eingeführt, ebenso nicht die bezimalen Untermaße Deziliter, Zentiliter und Milliliter. Dafür wird die Halbirung des Liters geftattet. Der Uebereinftimmung mit den übrigen Maßen und der Ueberfichtlichkeit wegen halten wir in der folgenden Tabelle an der bezimalen Eintheilung feft:

Zahlen-System	1000	100	10	1	0,1	0,01	0,001
Hohlmaße	Kiloliter KL.	Hektoliter HL.	Dekaliter DL.	Liter L.	Deziliter dL.	Zentiliter cL.	Milliliter mL.
Münzen	10 Mark	1 Mark	10 Pfennig	1 Pfennig	0,1 Pfennig	0,01 Pfg.	0,001 Pfg.

Das Verhältniß der Münzen zu den Hohlmaßen ift dasselbe, wie zu den Längenmaßen.

15. 1 Liter koftet 85 Pfg., was koften a) 6 L.? b) 3 HL.?
c) 5 HL. 27 L.? d) 28 HL. 14 L.?

16. 5 HL. 15 L. koften 260 Mk. 25 Pfg., was koften
a) 19 L.? b) 24 L.? c) 14½ L.? d) 26¼ L.?

17. Wenn 1 L. Bier 20 Pfg. koftet, was koften a) 5 HL.?
b) 9 HL. 25 L.?

18. 3 HL. Wein koften 125 Mk. 16 Pfg., was koften 17 L.?

19. Für 85 Mk. kauft man 36 HL. 75 L., was erhält man für 75 Pfg.?

20. Wenn man mit 35 Pfg. 2 L. zahlt, was kauft man für 75 Mk. 15 Pfg.

E. Gewichte.

1 Liter oder ᵈdm. Wasser wiegt bei 4 ° C. 1 Kilogramm, 1 ᶜcm. daher 1 Gramm, welches die Einheit der Gewichte bildet. Die Obergewichte sind das Dekagramm, Hektogramm, Kilogramm, Myriagramm, Quintal und Millier (Tonne), die Untergewichte das Dezigramm, Zentigramm und Milligramm, welche drei nicht im gewöhnlichen Handel angewendet werden, sondern nur das neue Gewicht für das frühere Medizinal=, Gold=, Silber=, Perlen= und Juwelen=Gewicht sein sollen. Von den Obergewichten sind in Bayern eingeführt das Gramm, das Dekagramm, das Kilogramm und die Tonne. Außerdem sind gesetzlich aufrecht erhalten: das Pfund = ¹/₂ Kilogramm und der Zentner = 100 Pfund oder 50 Kilogramm.

Zahlen= System	1000000	100000	10000	1000	100	10	1	0,1	0,01	0,001
Gewichte	Tonne	Quintal	Myriagr.	Kilogramm	Hektogr.	Dekagramm	Gramm	Dezigramm	Zentigramm	Milligramm
Münzen	10000 Mark	1000 Mark	100 Mark	10 Mark	1 Mark	1 Zehner	1 Pfennig	0,1 Pfennig	0,01 Pfg.	0,001 Pfg.

21. Was kosten 14 Zentner 15 Pfd., wenn 5 Ztr. 27 Mk. 35 Pfg. kosten?

22. Kosten 2,25 Kgr. 6,35 Mk., wie hoch kommen 3 Gramm?

23. Kosten 5 Ztr. 25 Pfd. 84 Mk., wie hoch kommen a) 1 Ztr.? b) 3¹/₂ Pfd.? c) 5 Dgr.? d) 2 Kilogr.? e) 5 Tonnen?

24. Um 36 Mk. kauft man 1 Ztr., was erhält man für a) 190 Mk. 80 Pfg.? b) 740 Mk.? c) 84¹/₂ Mk.? d) 124 Mk. 75 Pfg.?

25. 7 Dgr. Schnupftabak kosten 21 Pfg., was kostet a) 1 Ztr.? b) 1 Kilogr.?

26. 1 Ztr. Mehl kostet 18¹/₂ Mk., wie viel zahlt man für 9 Pfd.?

Zusammenstellung.

	Million	Hunderttausender	Zehntausender	Tausender	Hunderter	Zehner	Einer	Zehntel	Hundertstel	Tausendstel	Zehntausendstel	Hunderttausendstel	Millionstel
Zahlen-System	1000000	100000	10000	1000	100	10	1	0,1	0,01	0,001	0,0001	0,00001	0,000001
Längen-maß			Myriameter Mm.	Kilometer Km.	Hektometer Hm.	Dekameter Dm.	Meter m.	Dezimeter dm.	Zentimeter cm.	Millimeter mm.			
Flächen-maß			□Hm.		□Dm.		□m.		□dm.		□cm.		□mm.
Körper-maß	cHm			cDm.			cm.			cdm.			ccm.
Hohl-maß				KL.	HL.	DL.	L.	dL.	cL.	mL.			
Gewichte	Tonne	Quinta	Mgr.	Kgr.	Hgr.	Dgr.	gr.	dgr.	cgr.	mgr.			
Münzen				1000 Mark	100 Mark	10 Mark	Mark	Zehner	Pfennig	0,1 Pfennig	0,01 Pfennig		

F. Das Zählmaß.

27. Wenn 1 Drathstift 4 Pfg. kostet, was kosten a) 6 Hun=
dert, b) 4¼ Hdt., c) 5½ Hdt., d) 1200 Stück?

28. 5 Hdt. Stifte kosten 20 Mk.; wie hoch kommen a) 1 Stück,
b) 55 Stück, c) 125 Stück?

29. 4 Aepfel kosten 12 Pfg.; wie hoch kommen a) 3 Hdt.,
b) 1 Tausend, c) 745 Aepfel?

30. 4 Hdt. Hopfenstangen kosten 148 Mk.; was kosten 7 Stück?

31. Wenn 1 Cigarre 6 Pfg. kostet wie hoch kommen a) 3 Hun=
dert, b) 375 Stück, c) 4½ Hndert?

32. In einer Schule werden jährlich 440 Griffel verbraucht;
was kosten diese, wenn 2 Griffel 1 Pfg. kosten?

X. Anwendung der Münzrechnung auf die Prozentrechnung.

Aufgabe dieses Büchleins kann nur sein, diejenigen der soge=
nannten bürgerlichen Rechnungen zu behandeln, für welche durch
das neue Münzsystem eine Erleichterung in der Berechnung herbei=
geführt wurde, und selbst diese können nur insoweit Beachtung fin=
den, als das centisimale Verhältniß von Mark und Pfennig obwaltet.
Darum gehört z. B. die Berechnung des Rabatts auf Hundert
nicht hieher. Zur Prozentrechnung gehört:

A. Die Gewinn- und Verlustrechnung.

Dabei kann als fraglich auftreten: a) der Einkaufspreis, b) der
Verkaufspreis, c) der Gewinn oder Verlust vom Einkaufspreis,
d) der Gewinn oder Verlust vom Hundert.

a. Die Prozente werden aus dem Einkaufspreis und dem Gewinne oder Verluste berechnet.

Beispiel. Ein Kaufmann zahlt ein Meter Tuch mit 3 Mk.
25 Pfg. und verkauft es mit 75 Pfg. Gewinn (Verlust); wie viel
gewinnt (verliert) er an 100 Mk.?

Bekannt ist, daß er mit 3 Mk. 25 Pfg. 75 Pfg. gewinnt

(verliert), fraglich aber, wie viel er mit 100 Mk. gewonnen (ver=
loren) haben würde. a) Gewinnt (verliert) er mit 325 Pfg. 75 Pfg.,
so gewinnt (verliert) er an 1 Pfg. $= {}^{75}/_{325} = {}^{3}/_{13}$ Pfg. und an
1 Mk. (dem 100fachen eines Pfg.) das 100fache von ${}^{3}/_{13}$ Pfg. $=$
${}^{3}/_{13}$ Mk. und an 100 Mk. $100 \times {}^{3}/_{13} = {}^{300}/_{13} = 23{}^{1}/_{13}$ Mk.

b) $325 = {}^{13}/_{4}$ und $100 = {}^{4}/_{4}$ Hundert. Gewinnt er an
${}^{13}/_{4}$ Hundert Pfg. 75 Pfg., so kommen auf ${}^{1}/_{4}$ Hdt. $= {}^{75}/_{13}$ Pfg.
und auf ${}^{4}/_{4}$ Hdt. $4 \times {}^{75}/_{13} = 23{}^{1}/_{13}$ Pfg., auf 100 Mk. also
$23{}^{1}/_{13}$ Mk. Gewinn.

c) Mit 325 Pfg. gewinnt er 75 Pfg., folglich mit 325 Mk.
$= 75$ Mk., mit 25 Mk. gewinnt er den 13. Th. von $75 =$
${}^{75}/_{13}$ Mk. und mit 100 Mk. $4 \times {}^{75}/_{13} = 23{}^{1}/_{13}$ Mk.

d) Mit 325 Mk. gewinnt er 75 Mk. $= {}^{75}/_{325}$ oder ${}^{3}/_{13}$ vom
Einkaufspreis (325 Mk.), folglich gewinnt er mit 100 Mk. auch ${}^{3}/_{13}$
von 100 Mk. $= 23{}^{1}/_{13}$ Mk.

Schriftlich.

3,25 Mk. $=$ 75 Pfg.
100 Mk.   ?

In Divisionsform:

$$3,25 \text{ Mk.} = 75 \text{ Pfg.}$$
$$0,25 \;\;„ \;= 75 : 13 = 5{}^{10}/_{13} \text{ Pfg.}$$
$$1 \;\;\;„ \;= 4 \times 5{}^{10}/_{13} = 23{}^{1}/_{13} \text{ Pfg.}$$
$$100 \;\;\;„ \;= 23{}^{1}/_{13} \text{ Mk.}$$

In Bruchform:

$$\frac{\overset{3}{\cancel{0,75}} \times 100}{\underset{13}{\cancel{3,35}}} = \frac{300}{13} = 23{}^{1}/_{13} \text{ Mk.}$$

b. Die Prozente werden aus dem Einkaufs = und Verkaufspreise berechnet.

Beispiel. Ein Wirth kauft 3 HL. Bier um 45 Mk. und ver=
kauft 1 L. um 20 Pfg. Wie viel Prozent gewinnt er?

a) Einkauf 1 HL. zu 15 Mk., Verkauf 1 L. zu 20 Pfg.,
mithin 1 HL. zu 20 Mk. Er gewinnt sonach mit 15 Mk. 5 Mk.,
mit 1 Mk. ${}^{1}/_{3}$ Mk. und mit 100 Mk. $33{}^{1}/_{3}$ Mk.; hat also $33{}^{1}/_{3}$
Prozent Gewinn. Oder: mit 15 Mk. gewinnt er 5 Mk., mit 5 Mk.
${}^{5}/_{3}$ Mk. und mit 100 Mk. $20 \times {}^{5}/_{3} = 33{}^{1}/_{3}$ Mk. Oder: 5 Mk.
sind der 3. Theil von 15 Mk.; er gewinnt also den 3. Theil von
100 Mk. $= 33{}^{1}/_{3}$ Mk.

b) Einkauf: 1 HL. 15 Mk., folglich 1 L. 15 Pfg. Verkauf:
1 L. zu 20 Pfg. Mit 15 Pfg. gewinnt er 5 Pfg., mit 1 Pfg.

¹/₃ Pfg. und mit 100 Pfg. ¹⁰⁰/₃ = 33¹/₃ Pfg., also hat er 33¹/₃ Prozent Gewinn.

Schriftlich.

15 Mk. Eink. 5 Mk. Gew.
100 „   „   ? „   „
15 Mk. = 5 Mk.
 1 „ = 5 : 15 = ⁵/₁₅ = ¹/₃ Mk.
100 „   100 = × ¹/₃ = 33¹/₃ Mk.

$$\frac{5 \times 100}{\underset{3}{15}} = 33¹/₃$$

c. Die Prozente werden aus dem Verkaufspreise und dem Gewinne oder Verluste bestimmt.

Beispiel. Ein Pferdhändler verkauft ein Pferd um 540 Mk. und gewinnt dabei 27 Mk.; wie viel Prozent hat er gewonnen?

Der Gewinn kann nicht aus der Verkaufs=, sondern nur aus der Einkaufssumme berechnet werden. Diese war 540 — 27 = 513 Mk. Mit 513 Mk. gewinnt er 27 Mk., mit 1 Mk. ²⁷/₅₁₃ = ¹/₁₉ Mk. und mit 100 Mk. ¹⁰⁰/₁₉ = 5⁵/₁₉ Mk. Oder: 27 Mk. = ¹/₁₉ von 513 Mk., also gewinnt er ¹/₁₉ von 100 = 5⁵/₁₉ Mk.

Hätte er dagegen das Pferd mit 27 Mk. Verlust verkauft, so müßte er es um 540 + 27 = 567 Mk. eingekauft haben. Verliert er mit 567 Mk. 27 Mk., so mit 1 Mk. ²⁷/₅₆₇ = ¹/₂₁ Mk. und mit 100 Mk. ¹⁰⁰/₂₁ = 4¹⁶/₂₁ Mk. Oder: er verliert den 21. Th. der Kaufssumme und der 21. Th. von 100 Mk. = 4¹⁶/₂₁ Mk.

Schriftlich wie bei a.

d. Gewinn oder Verlust werden aus dem Einkaufspreis und dem Prozentsatze berechnet.

Beispiel. Ein Kaufmann kauft den Ztr. gedörrte Zwetschgen um 40 Mk. Beim Verkauf gewinnt er 12¹/₂ Prozent; wie gab er das Pfd.?

Bekannt ist, daß er mit 100 Mk. 12¹/₂ Mk. gewinnt, fraglich aber, was er mit 40 Mk. gewinnt, d. h. was sein Mehrerlös beträgt. Gewinnt er mit 100 Mk. 12¹/₂ Mk., so ist sein Gewinn der 8. Theil der Einkaufssumme, folglich der 8. Theil von 40 = 5 Mk. Mehrerlös 5 Mk., Verkaufssumme des Ztr. 45 Mk., Verkaufssumme eines Pfd. 45 Pfg.

Schriftlich.

100 Mk. = 12½ Mk.
40 „ ?

In Divisionsform

100 Mk. = 12½ Mk.
20 „ = 12½ : 5 = 2½ Mk.
40 „ = 2 × 2½ = 5 „

In Bruchform:

$$\frac{\overset{5}{25} \times \overset{2}{40}}{\underset{2}{2} \times \underset{5}{100}} = 5 \text{ Mk.}$$

Hätte er die Ztr. mit 12½ % Verlust verkauft, so würde der Verlust ebenso den 8. Th. von 40 = 5 Mk., der Verkaufspreis eines Pfd. also 35 Pfg. betragen.

e. Die Verkaufssumme wird aus dem Einkaufspreise und dem Prozentsatze bestimmt.

Ein Metzger kauft ein Schwein zu 3 Ztr. um 150 Mk. und will davon 33⅓ Prozent gewinnen; wie theuer muß er das Pfd. geben?

a) 1 Ztr. kostet ihm 50 Mk. Er will an 100 Mk. 33⅓, folglich an 50 Mk. 16⅔ Mk. gewinnen. Demnach muß er den Ztr. um 50 + 16⅔ = 66⅔ Mk. und das Pfd. um 66⅔ (67) Pfg. geben.

b) Kosten ihm 3 Ztr. 150 Mk., so kostet 1 Ztr. 50 Mk. und 1 Pfd. 50 Pfg. Will er am ganzen Hundert Pfg. 33⅓ Pfg. gewinnen, so ist der Verkaufspreis 133⅓ Pfg., wovon auf ½ Hundert 66⅔ Pfg. treffen.

Schriftlich wie bei d.

Aufgaben:

1. Ein Schenkwirth kauft das HL. Bier zu 17 Mk. 25 Pfg. Was gewinnt er, wenn er das L. um 20 Pfg. verkauft? Wie muß er das L. geben, wenn er am HL. 3 Mk. gewinnen will?

2. 1 Kilo wird um 5½ Mk. gekauft und 1 Dgr. hievon um 7 Pfg. verkauft. Wie viel wird am Kilo gewonnen? Wie viele Kilo müssen umgesetzt werden, um 75 Mk. zu gewinnen? Wie viel beträgt der Gewinn vom Hundert?

3. Wie viele Pfd. mußte ein Händler verkauft haben, der an jedem Pfd. 12 Pfg. und im Ganzen 37½ Mk. gewonnen hatte?

4. Ein Kleinhändler kauft 1 Ster Holz um 10 Mk. 25 Pfg. Wie viele Scheitchen muß er baraus spalten lassen, wenn er am Ster 3 Mk. 15 Pfg. gewinnen und jebes Scheitchen um 2 Pfg. verkaufen will? Wie viele Prozent gewinnt er?

5. Wie theuer muß das L. Wein verkauft werben, wenn bas HL. im Ankaufe 75 Mk. kostete unb 20 Prozent gewonnen werben sollen?

6. Jemanb kauft 4½ Zt. um 576 Mk. Was gewinnt er baran, wenn er bas Pfb. um 1 Mk. 75 Pfg. verkauft? Wie viele Prozent beträgt ber Gewinn?

7. Wenn ber Ztr. um 65 Mk. gekauft unb 10 Mk. baran gewonnen wurben, wie hatte man bas Kgr. verkauft?

8. A kauft bas HL. Mehl um 27³⁄₄ Mk. unb verkauft je 2 Pfb. um 63 Pfg. Wie viel gewinnt er am HL., wie viel an 100 Mk.?

9. Eine Händlerin verkauft 5 Ztr. Zwetschgen zu 37¼ Mk. Wie theuer mußte sie bas Pfb. verkauft haben, wenn sie bei biesem Geschäfte 12¹⁄₅ Mk. gewann?

10. Ein anberes Mal kaufte sie 3½ Ztr. zu 39 Mk. 45 Pfg. Da ber Preis bes Obstes herabging, mußte sie bas Pfb. um 35 Pfg. geben. Was hat sie verloren? Wie viele Prozent betrug ber Verlust?

11. Wie viele Mk. Gewinn hat ein Kaufmann, wenn er:

a) bas Kgr. um 17½ Mk. kauft unb bas Dgr. um 20 Pfg. verkauft?
b) ben Ztr. „ 25½ „   „   „   „ Pfb. „ 27 „   „
c) bas Mtr. „ 5¼ „   „   „   „ dm. „ 7 „   „
d) bas HL. „ 55⁴⁄₅ „   „   „   „ L. „ 60 „   „

12. Ein Kaufmann will bei jebem Verkaufe burchschnittlich 25% gewinnen. Wie muß er verkaufen:

a) 1 Dgr., wenn ihm bas Kgr. 25 Mk. kostete?
b) 1 Pfb.,   „   „ ber Ztr. 36 „   „
c) 1 dm.,   „   „ bas Mtr. 15 „   „
d) 1 L.,   „   „   „ HL. 87 „   „
e) 1 gr.,   „   „   „ Hgr. 4½ „   „

13. Wie viel gewinnt er Prozent, wenn er:

a) 1 Kgr. um 35 Mk. kauft unb 1 Dgr. um 40 Pfg. verkauft?
b) 1 Hgr. „ 3 „   „   „ 1 gr. „ 3 „   „
c) 1 m. „ 12½ „   „   „ 1 cm. „ 15 „   „
d) 1 Ztr. „ 37½ „   „   „ 1 Pfb. „ 48 „   „
e) 1 HL. „ 50 „   „   „ 1 L. „ 54 „   „

14. Wenn bas HL. um 84¼ Mk. gekauft unb 40 L. um 29³⁄₄ Mk. verkauft werben, wie hoch ist ber Gewinn vom Hunbert?

15. Jemanb kauft 9 Kgr. um 32 Mk. 65 Pfg. unb verkauft je 4 Pfb. um 17 Mk. 15 Pfg. Was gewinnt er?

16. Ein Wirth kauft 7 1/7 HL. Wein um 268 M. 70 Pfg.; Fracht und andere Unkosten betragen 3 Mk. 40 Pfg.; 75 Mk. will er dabei gewinnen. Wie muß er 1 L. verkaufen?

17. Ein Dgr. von einer verdorbenen Waare wird um 27 Pfg. verkauft. Dabei verlor der Kaufmann am Kgr. 4 Mk. 8 Pfg. Was mußte ihm der Ztr. dieser Waare gekostet haben?

18. 4 1/2 Kgr. von einer Waare kosten 78 Mk.; 12 1/2 Proz. sollen dabei gewonnen werden. Wie ist 1 Dgr. zu verkaufen?

19. 1 HL. Wein wird um 56 1/2 Mk. gekauft und das L. zu 75 Pfg. ausgeschenkt. Wie viel beträgt der Gewinn Prozent?

20. Ein Ballen Waare wog Brutto 5 Ztr. 87 1/2 Pfd. Für Tara (Verpackung) wurden 6 Prozent gerechnet. Wie viel ist im Ganzen gewonnen worden, wenn der Einkaufspreis von 1 Ztr. 170 Mk. und der Verkaufspreis von 1 Pfd. 2,05 Pfg. betrug? Wie viel wurde am Hundert gewonnen?

21. Im Durchschnitte rechnet man bei sehr fettem Rindvieh auf 100 Pfd. lebend Gewicht 57% Fleisch und 15% Talg; Kopf, Zunge und Füße betragen den 20. Theil des lebenden Gewichtes und die Haut ungefähr den 12. Theil desselben. Wie viel ist so= nach ein fetter Ochs von 1675 Pfd. lebend Gewicht werth, wenn man das Pfd. Fleisch für 70 Pfg., das Pfd. Talg für 72 Pfg., Kopf, Zunge und Füße das Pfd. zu 16 Pfg. und die Haut das Pfd. zu 23 Pfg. verkauft?

B. Die Zinsrechnung.

Auch bei der Zinsrechnung kommen 4 Momente in Betracht: Kapital, Zins, Zinsfuß und Zeit. Jedes dieser 4 Stücke kann gesucht werden und in der Lösung von jedem der drei andern abhängig sein. Das neue Münzsystem bringt auch hier große Er= leichterungen für die Berechnung, indem sich 100 Mk. Kapital zu 1 Mk. Kapital verhalten, wie 1 Mk. Zins zu 1 Pfg. Zins. Alle Aufgaben, bei welchen dieses Verhältniß keine Anwendung findet, stehen dem Zwecke dieses Büchleins fern.

a. Berechnung des Zinses.

1. Beispiel. 100 Mk. Kapital tragen 1 Mk. Zins, was tragen 41 Mk.? 100 Mk. tragen 1 Mk.; 1 Mk. (der 100. Th. von 100 Mk.) trägt den 100. Th. von 1 Mk. = 1 Pf. und 41 Mk. tragen 41 Pfg. Oder: 100 Mk. tragen 100 Pfg., 1 Mk. trägt 1 Pfg. rc. Regel: Steht das Kapital zu 1%, so trägt es so viele Pfg. Zins, als Mk. Kapital gegeben sind.

2. Beispiel. Was tragen 54 Mk. zu 5%?

Wenn 100 Mk. 5 Mk. Zins geben, so gibt 1 Mk. 5 Pfg. Zins und 54 Mk. Kap. geben 54 × 5 = 270 Pfg. = 2,70 Mk. Oder: 50 Mk. geben die Hälfte von 5 = 2½ Mk. und 4 Mk. ge= ben 4 × 5 = 20 Pfg. 2½ Mk. + 20 Pfg. = 2,70 Mk. Oder: der Zins ist der 20. Th. des Kapitals. Regel: Man ver= vielfacht Kapital und Zinsfuß; das Produkt drückt den Zins in Pfennigen aus.

3. Beispiel. Berechne den Zins von 397 Mk. zu 4½%!

300 Mk. geben 3 × 4½ = 13½ Mk., 97 Mk. geben 97 × 4½ = 436½ Pfg. 13,50 + 4,365 = 17,865 Mk. Oder: 300 Mk. geben 13,50 Mk., 50 Mk. geben die Hälfte von 4½ = 2,25 Mk., 47 Mk. geben 47 × 4½ = 211½ Pfg. 13,50 + 2,25 + 2,115 = 17,865 Mk. Oder: 400 Mk. geben 4 × 4½ = 18 Mk., 3 Mk. geben 3 × 4½ = 13½ Pfg. 18 Mk. — 13½ Pfg. = 17,865 Mk. Regel: Bei ausgefüllten Hunder= tern wird der Zins für diese besonders berechnet.

4. Beispiel. Was tragen 10,000 Mk. zu 5½ %?

100 Mk. tragen 3,5 Mk. Zins; 1000 Mk. tragen 10 × 3,5 = 35 Mk., 10,000 Mk. tragen 10 × 35 = 350 Mk. Bei derartigen Aufgaben wird blos das Komma versetzt.

5. Beispiel. Welchen Zins geben 735 Mk. zu 4% in 3½ Jahren?

Mündlich und schriftlich.

100 Mk. 1   J. 4 Mk.
735 „   3½ „ ? „

In Divisionsform:

100 Mk.	1	J.	=		4	Mk.		Pfg.
700 „	1	„	=	7 × 4	= 28	Mk.	—	Pfg.
35 „	1	„	=	35 × 4 Pfg. =	1	„	40	„
735 „	1	„	=		29	„	40	„
735 „	3	„	=	3 × 29,40 =	88	„	20	„
735 „	½	„	=	½ × 29,40 =	14	„	70	„
735 „	3½	J.	=		102	„	90	„

In Bruchform:

$$\frac{4 \times \overset{147}{\cancel{735}} \times 7}{\underset{\underset{5}{25}}{\cancel{100}} \times 2} = \frac{1029}{10} = 102,9 \text{ Mk.}$$

b. Berechnung des Kapitals.

1. Beispiel. Welches Kapital trägt 65 Pfg. Zins, wenn 100 Mk. 1 Mk. tragen?

Sind zu 1 Mk. Zins 100 Mk. Kapital erforderlich, so zu 1 Pfg. 100 Pfg. (1 Mk.) K. und zu 65 Pfg. Zins 65 Mk. Kap. Regel: Bei 1% ist das Kapital das Hundertfache des Zinses, also so viele Pfennig Zins, so viele Mark Kapital.

2. Beispiel. Welches Kapital trägt 3,21 Mk., wenn 100 Mk. Kapital 6 Mk. Zins tragen?

6 Mk. Z. bedingen 100 Mk. K., 6 Pfg. Z. aber 100 Pfg. = 1 Mk. K. und 1 Pfg. Z. $^1/_6$ Mk., mithin 321 Pfg. = $^{321}/_6$ = 53$^1/_2$ Mk. K. Oder: Bei 1% wären nach obiger Regel zu 3,21 Mk. Z. 321 Mk. K. nöthig; da es aber zu 6% steht, so erfordert es nur den 6. Th. des Kapitals zu 321 Mk. Regel: Man dividirt mit dem Zinsfuß in die Anzahl der Pfg. Zins und erhält das Kap. in Mk.

3. Beispiel. Wie groß war das Kap., das zu 5% in 1 Jahre 19 Mk. 85 Pfg. trug?

Bei 1% wäre zu 1 Pfg. Z. 1 Mk. K. nöthig, zu 1985 Pfg. also 1985 Mk. Da es aber zu 5% ausstand, so ist nur der 5. Th. des Kap. = 397 Mk. Kap. erforderlich. Oder: Zu 5 Mk. Z. braucht man 100 Mk. Kap., zu 15 Mk. = 300 Mk. K. und zu 485 Pfg. = $^{485}/_5$ = 97; 300 + 97 = 397 Mk. K. Oder: 20 Mk. Zs. erfordern 400 Mk. K., 15 Pfg. Z. = $^{15}/_5$ = 3 Mk. K. 400 − 3 = 397 Mk. K. Oder: Bei 5% ist das Kapital das Zwanzigfache des Zinses; 20 × 19,85 = 397 Mk. K.

4. Beisp. Welches Kap. trug zu 4$^1/_2$ % jährlich 450 Mk. Z.? 4$^1/_2$ = 4,5 ist der 100. Th. von 450 Mk., also waren 100 × 100 = 10000 Mk. Kap. nöthig.

5. Beisp. Es ist das Kap. zu berechnen, das zu 4% in 5 J. 47,5 Mk. Zins trug.

Der 5fache Jahreszins = 47,5 Mk., der einfache = 9,5 Mk. oder 950 Pfg. Dazu sind $^{950}/_4$ = 237$^1/_2$ Mk. Kap. erforderlich.

Schriftlich.
4 Mk. Z. 1 J. 100 Mk. K.
47,5 „   „ 5 „   ?   „   „

In Divisionsform:
4 Mk. Z. 1 J. = 100 Mk. K.
1 „   „ 1 „ = 100 : 4 = 25 Mk. K.
47,5 „   „ 1 „ = 47,5 × 25 = 1187,5 Mk. K.
47,5 „   „ 5 „ = 1187,5 : 5 = 237,5 Mk. K.

7*

In Bruchform:

$$\frac{\overset{25}{\cancel{100}} \times \frac{5}{47,5}}{4 \times \cancel{5}} = 237,5 \text{ Mf. K.}$$

c. Berechnung der Prozente.

1. Beisp. 37 Mk. K. trugen 37 Pfg. Zins, zu wie viele Prozent standen sie aus, d. h. was tragen 100 Mk.?

Wenn 37 Mk. 37 Pfg. tragen, so trägt 1 Mk. 1 Pfg. und 100 Mk. 100 Pfg. = 1 Mk., also stand das Kap. zu 1%. Regel w. o.: So viele Mk. Kap., so viele Pfg. Zins.

2. Beisp. Zu wie viele % standen 75 Mk. aus, die in 1 J. $4\frac{1}{8}$ Mk. Zins trugen?

Wenn 75 Mk. $4\frac{1}{8}$ ($3\frac{3}{8}$) Mk. Z. geben, so tragen 25 Mk. den 3. Th. von $3\frac{3}{8} = 1\frac{1}{8}$ Mk. und 100 Mk. tragen $4 \times 1\frac{1}{8} = \frac{44}{8} = 5\frac{1}{2}$ Mk. Zins. Oder: 75 Mk. tragen $3\frac{3}{8}$, 1 Mk. $3\frac{3}{8} : 75 = \frac{33}{600} = \frac{11}{200}$ Mk. und 100 Mk. $= \frac{1100}{200} = 5\frac{1}{2}$ Mk. Oder: $4\frac{1}{8}$ ist in 75 $= 18\frac{2}{11}$mal enthalten, der Zins ist also $18\frac{2}{11}$mal kleiner als das Kap. $100 : 18\frac{2}{11} = 5\frac{1}{2}$.

3. Beisp. 20000 Mk. trugen 900 Mk. Z.; zu wie viel % standen sie aus?

20000 Mk. K. tragen 900 Mk. Z., 10000 Mk. = 450 Mk. Z.; 10000 = 100×100; der 100. Th. von 450 = 4,50 Mk.

4. Beisp. 475 Mk. Kap. trugen in 5 J. 95 Mk. Z.; zu wie viele % standen sie aus?

Schriftlich.

475 Mk. K. 5 J. 95 Mk. Z.
100 „ „ 1 „ ? „ „

In Divisionsform:

475 Mk. 5 J. = 95 Mk.
475 „ 1 „ = 95 : 5 = 19 Mk.
25 „ 1 „ = 19 : 19 = 1 „
100 „ 1 „ = 4 × 1 = 4 „

In Bruchform:

$$\frac{\overset{19}{\cancel{95}} \times \overset{4}{\cancel{100}}}{\underset{19}{\cancel{475}} \times \cancel{5}} = 4 \text{ Mk.}$$

d. Berechnung der Zeit.

Beisp. In welcher Zeit tragen 375 Mk. K. zu 5% 196,875 Mk. Z.?
375 Mk. tragen in 1 J. 5 × 375 = 1875 Pfg. = 18,75 Mk.
Da sie nun 196,875 Mk. trugen, so müssen sie so viele Jahre ausgestanden sein, als 18,75 Mk. in 196,875 Mk. enthalten sind, das sind 10½ Jahr.

Schriftlich.

100 Mk. K. 5 Mk. Z.   1 J.
375 „   „ 196,875 Mk. Z.   ?

In Divisionsform:

100 Mk. K. 5 Mk. Z. 1 J.
 25 „   „ 5 „   „ 4 „
375 „   „ 5 „   „ $^4/_{15}$ „
375 „   „ 1 „   „ $^4/_{75}$ „
375 „   „ 196,875 Mk. Z. 196,875 × $^4/_{75}$ = 10½ Jahr.

In Bruchform:

$$\frac{1 \times \overset{20}{\cancel{100}} \times \overset{0,525}{\cancel{196,875}}}{\underset{357}{} \times \underset{5}{}} = 10½ \text{ Jahr.}$$

Aufgaben:

1. Welchen Zins trägt 1 Mk. jährlich zu 1, 2, 3, 3½, 4, 5, 5½, 6%?

2. Was tragen jährlich zu 1% a) 7 Mk., b) 9,25 Mk., c) 72 Mk.?

3. Was geben dieselben Kapitalien zu a) 2½%, b) zu 4%, c) zu 4½%, d) zu 5¼%?

4. Berechne den jährlichen Zins von

a)	175	Mk. zu 4	%		g)	1000	Mk. zu 3½ %
b)	330	„ „ 4½	„		h)	10000	„ „ 4½ „
c)	565	„ „ 5	„		i)	100000	„ „ 5 „
d)	645	„ „ 5½	„		k)	2500	„ „ 5 „
e)	675	„ „ 6	„		l)	1845	„ „ 4½ „
f)	1000	„ „ 3	„		m)	2985	„ „ 5 „

5. Was tragen:

a) 850 Mk. zu 5 % in 3 Jahren?
b) 445 „ „ 4½ „ „ 9 Monaten?
c) 375 „ „ 4 „ „ 3½ Jahren?
d) 150 „ „ 5 „ „ 150 Tagen?
e) 1200 „ „ 5 „ „ 3 Jahren?
f) 7345 „ „ 4½ „ „ 1½ „ ?
g) 2160 „ „ 5 „ „ 9 Monaten?
h) 10900 „ „ 6 „ „ 7 „

6. Welches Kapital trägt jährlich
  a) zu 5% 6 Mk., 10 Mk., 12 Mk. Zins?
  b) „ 4 „ 3 „, 7,25 Mk., 9 ½ Mk. Z.?
  c) „ 4 ½ % 8 Mk., 4,3 Mk., 12 ½ Mk. Z.?
  d) „ 3 ½ „ 86 ¼ Mk. Z.?
  e) „ 5 „ 116   „   „ ?
  f) „ 6 „ 387   „   „ ?

7. Welches Kapital trug
  a) zu 5% in 3 Jahren 112 ½ Mk. Zins?
  b) „ 4 „ „ 2 ½ „   97,5   „   „
  c) „ 4 ½ % in 4 ½ Jahren 76,5 Mk. Z.?
  d) „ 6% in 7 Monaten 28 Mk. Z.?

8. Bei welchem Zinsfuße trugen jährlich
  a)   25 Mk. Kap. 1 Mk., 1 ¼ Mk., 1 ¾ Mk. Zins?
  b)   235 „   „ 4 „, 6 ⅕ „, 9   „   „
  c)   860 „   „ 35 „ 40 „, 42   „   „
  d) 1275 „   „ 53,55 Mk. Z.?
  e) 3320 „   „ 290 ½ „ „ ?

9. Zu wie viel Prozent standen
a)   250 Mk., welche in 3 Jahren 30 Mk. Zins trugen?
b)   375 „   „   „ 2 ½ „   46 ⅞ „ „   „
c) 10000 „   „   „ 1 ¾ „ 487,5 „ „   „
d) 6000 „   „   „ 2 ⅙ „ 455 „ „   „

10. Jemand leiht 450 Mk. zu 4 ½ % aus und bekommt nach einigen Jahren Kapital und Zins im Betrage von 520 ⅞ Mk. zurück. Wie viele Jahre stand das Kapital?

11. Jemand hat 3 Kapitalien ausstehen, nämlich 1000 Mk. zu 4 ½ %, 370 Mk. zu 5% und 20000 Mk. zu 5 ½ %. Wie viel bekommt er Zins in 2 ½ Jahren?

12. Ein Bauer schuldet einem Gastwirthe die Jahreszinsen eines 5prozentigen Kapitals. Dafür liefert er ihm 3 HL. Kartoffel à 10 ½ Mk. und kommt noch 2 ¾ Mk. heraus. Wie groß ist das Kapital?

13. Jemand will mit 12000 Mk. einer Lebensversicherungs-Anstalt beitreten. Die jährliche Prämie beträgt 3 Mk. 12 Pfg. vom Hundert; was muß er zahlen?

14. Ein Bauer versichert seine Feldfrüchte in einer Hagel-Versicherungsanstalt zu 4 ½ %. Was muß er für 3000 Mk. Versicherungskapital zahlen?

15. In einer Mobiliar-Versicherungs-Anstalt zahlt man jährlich 1 ¾ Mk. vom Tausend. Wie hoch ist Jemand versichert, der jährlich

10 ½ Mk. zu zahlen hat? Wie viele pro mille wären gerechnet, wenn er jährlich 2 ¼ Mk. zu zahlen hätte?

16. Berechnung des Ertrags einer Ackerwirthschaft von 1680 Ar (☐ Dm.) Land und 250 Ar Wiese.

	Mk.	Pf.
A. Berechnung des Brutto-Ertrags.		
1) 1 Ar Reps liefert 20½ L. à 20 Pfg. . .		
2) 1 „ Weizen „ 26 „ „ 15 „ . . .		
3) 1 „ Roggen „ 27 „ „ 12 „ . . .		
4) 1 „ Klee „ 1 ⅖ Ztr. „ 2,6 Mk. . .		
5) 1 „ Hafer „ 51 ⅘ L. „ 7 Pfg. . . .		
6) 1 „ Brache		
Der Brutto-Ertrag macht von 6 Ar		
folglich von 1680 Ar		
B. Berechnung der Betriebskosten.		
a. Viehstand.		
1) 2 Pferde à 500 Mk., Abnutzung 10% jährlich, macht		
2) 6 schwere Kühe à 360 Mk., Abnutzung 5% jährl., macht		
b. Geschirr.		
1) 2 lange Karren à 225 Mk. . . — Mk. — Pfg.		
2) 2 kurze Karren à 120 „ . — „ — „		
3) 2 Pflüge à 60 Mk. . . . . — „ — „		
4) 2 Eggen à 18 „ . . . . — „ — „		
5) 1 Walze . . . . . . 30 „ — „		
6) 1 Schaufelpflug . . . . . 60 „ — „		
— Mk. — Pfg.		
Jährliche Abnutzung à 6% von		
c. Kleines Geschirr.		
1) Für Scheune= und Gartengeräthe 150 Mk. — Pfg.		
2) „ Hausgeräthe, Betten zc. . 750 „ — „		
3) „ Pferdgeschirr . . . . 150 „ — „		
— Mk. — Pfg.		
Jährliche Abnutzung à 10% von		
Zinsen von dem vorstehenden Betriebskapital a, b		
und c à 4 ½ %		

	Mk.	Pfg.
Uebertrag		

d. Unterhaltung des Viehes.

Für 2 Pferde täglich 27½ L. Haber à 7 Pfg., macht jährlich . . . .

e. Gesinde.

1) 2 Knechte, jährl. Lohn à 180 Mk. . . . . .
2) 2 Mägde, „ „ à 100 „ . . . . .
3) 1 Hütjunge, „ „ 40 „ . . . . .
4) Beköstigung für 5 Personen täglich à 75 Pfg. . .

f. Gebäude.

Unterhaltung und Verschleiß der Gebäude vom Kapi-talwerth 7500 Mk. à 7½% . . . . . .

g. Versicherungskosten,

1) Versicherung des Viehes zu 1360 Mk. à 2%
2) Feuerversicherung der Gebäude, 7500 Mk. à 1½%₀
3) Feuerversicherung des Mobiliars, 4500 „ à 2½%₀
4) Feuerverf. des Getreides u. Futters, 8400 Mk. à 2%₀
5) Hagelversicherung in runder Summe . . . . | 60 | — |

h. Steuer.

Grund= und Communalsteuer . . . . | 225 | — |

i. Medizinalpflege.

1) Für das Gesinde . . . . | 15 | — |
2) „ 6 Kühe und 2 Pferde . . . . . . | 12 | — |

k. Aussaat.

1) 280 Ar Raps, ¹⁴/₁₀₀ L. per Ar, à 20 Pfg. . .
2) 280 „ Weizen, 1¹¹/₂₅ L. per Ar, à 15 Pfg. .
3) 280 „ Roggen, 1³/₅ „ „ „ à 10 „ .
4) 280 „ Hafer 2⁴/₂₅ „ „ „ à 8 „ .
5) 280 „ Kleesamen, ⅓ Pfd. „ „ à 60 „ .

l. Außergewöhnliche Ausgaben.

1) Düngerzuschuß an Kalk, Knochenmehl ꝛc. . . . . | 120 | — |
2) Für Taglöhner . . . . | 60 | — |

Summa der Betriebskosten .

C. Berechnung des Rein=Ertrags.

	Mk.	Pfg.
Die Brutto=Einnahme ergab nach A. .		
Die Betriebskosten machten nach B. . .	„	„
Mithin ist der Rein=Ertrag .	Mk.	Pfg.

Extra=Einnahmen.

	Mk.	Pfg.
6 Kühe geben täglich à 14 L. Milch; $\frac{3}{4}$ dieser Milch werden per L. zu 12 Pfg. verwerthet, das macht in 1 Jahr		
Rechnen wir ferner 3 gemästete Schweine à 250 Pfd., per Ztr. 60 Mk. und ziehen für den Ankauf der mageren Schweine à 12 Mk. ab, so wird hieraus gelöst .	„	„
Summa .	Mk.	Pfg.

Wenn nun das Gut einen Werth von 54000 Mk. hat, wie hat sich das Kapital verzinset? (Die bei Berechnung des Rein=Ertrags entstehenden Brüche werden weggelassen).

C. Die Rabatt- und Diskonto-Rechnung.

1. Beisp. Jemand miethet ein Haus um 420 Mk., welche vertragsmäßig am Ende des Jahres zu erlegen sind. In Folge besonderen Uebereinkommens zahlt der Miether seine Hausmiethe sofort und darf 5½ % Rabatt abziehen. Was hat er zu zahlen? An 100 Mk. darf er 5½ abziehen, an 1 Mk. also 5½ Pfg. und an 420 Mk. 420 × 5½ = 2310 Pfg. = 23,10 Mk. 420 — 23,10 = 396,90 Mk. Oder: An 400 Mk. zieht er 4 × 5½ = 22 Mk. und an 20 Mk. 20 × 5½ = 1,10 Mk. ab. Oder: Statt 100 Mk. zahlt er 94,5 Mk., statt 10 Mk. 9,45 Mk. und statt 420 = 42 × 9,45 = 396,90 Mk.

2. Ein Kleinkrämer bezog bei einem Kaufmanne für 370 Mk. Waare, die er nicht sogleich zu zahlen braucht. Der Kaufmann kommt nun in Geldverlegenheit und gewährt dem Krämer 5% Abzug (Diskonto), wenn er seine Rechnung sofort deckt. Was muß der Krämer zahlen?

Schriftlich.

100 Mk. künft. Zahlg. 5 Mk. Disk.
370 „ „ „ ? „ „

100 Mk. = 5 Mk.

1 „ = 5 Pfg.

370 „ = 370 × 5 = 18,50 Mk.

$$\frac{5 \times 370}{\underset{2}{100}} = 18\,\tfrac{1}{2}\,M.$$

künft. Zahlung 370 Mk.

Diskonto   18,50 „

Baarzahlung   351,50 Mk.

Oder: 100 Mk. künft. Zahlg. = 95 Mk. baar,

370 „ „ „ = ? „ „

100 Mk. = 95 Mk.

10 „ = 9,5 „

370 „ = 37 × 9,5 = 351 ½ Mk.

$$\frac{\underset{19}{95} \times 370}{\underset{2}{100}} = 351\,\tfrac{1}{2}\,M.$$

Aufgaben:

1. Wie viel beträgt die Baarzahlung

a) für 216 Mk. bei 5 % Rabatt?

b) „ 270 „ „ 6 ½ „ „

c) „ 350 „ „ 10 „ „

d) „ 360 „ „ 9 „ „

e) „ 455 „ „ 12 ½ „ „

f) „ 580 „ „ 20 „ „

2. N. zahlt 4 Ztr. Waare à 25 ⅓ und zahlt sie mit 5% Diskonto mit welcher Summe?

3. Was ist für 54 ½ Mtr. Tuch à 12 Mk. bei 4 ½ % Diskonto zu zahlen?

4. Jemand hat einen Wechsel von 850 Mk. in 1 Mt. zu erlegen. Da er aber jetzt schon zahlen will, so werden ihm ¾ % Diskonto gewährt; was hat er zu zahlen?

5. Ein am 1. Juli fälliger Wechsel zu 450 Mk. wird schon am 15. März mit ½ % Diskonto per Mt. von einem Banquier angekauft. Was ist zu zahlen?

6. N. kauft ein Haus um 12500 Mk. und zahlt die Hälfte gleich; die andere Hälfte ist in 3 Jahren ohne Zins zu erlegen. Der Verkäufer gewährt ihm jedoch 5% Rabatt, wenn er auch diese Summe sofort erlegt. Was hat N. zu zahlen?

7. Ein Buchhändler bezieht aus einer Verlagshandlung 12 Duzend Bücher à Duzend 10 ½ Mk., 14 Duz. à 7 ¼ Mk., 15 Duz. à 12 ¾ Mk. Bei Baarzahlung werden ihm für die erste Sorte 10%, für die zweite 24%, für die dritte 33 ⅓ % Rabatt gestattet. Was bleibt zu zahlen?

8. Ein Kaufmann läßt einen Wechsel von 1330 Mk., nach 4 Mt. fällig, bei der Bank diskontiren (baar zahlen) und erhält

dafür 1280 Mk. 50 Pfg. Wie viel % Diskonto sind pro Mt. gerechnet?

9. Ein Agent einer Lebensversicherungsanstalt bezieht 5 pro mille (vom Tausend) Provision aus der Versicherungssumme und 3 Prozent von der Jahresprämie. Was darf er abziehen, wenn er bei der Abrechnung 3750 Mk. Versicherungssumme und 170 Mk. Jahresprämie einzusenden hat?

10. Eine 4prozentige Staatsobligation von 1200 Mk. steht im Kurs zu 96¼. Welchen Werth hat sie mit dem Zins von ½ Jahr?

11. Berechne den Werth von 3500 Mk. Staatspapiere zum Kurs 101½ mit Zins vom 1. Jan. bis 15. Mai!

XI. Rechnungen zur Befestigung in der Kenntniß der Münzgesetze.

In Erwägung, daß die einzelnen Gesetzesbestimmungen erst dadurch bleibendes geistiges Eigenthum werden, daß man sich rechnend, also durch Anwendung auf praktische Fälle des Lebens, in deren Wortlaut vertieft, wurden dieselben, soweit es geschehen kann, in Rechnungsaufgaben verflochten. Diese bilden gleichsam das Konkretum für die abstrakten Aufstellungen des Gesetzes.

1. Aus einem Pfd. feinen Goldes (Korn) werden 139½ Zehnmarkstücke ausgebracht. Wie viele 5=, 20= und 1=Markstücke können daraus geprägt werden?

2. Der Kupferzusatz beträgt den 10. Theil dieses Gewichtes. Wie viele 20=, 10= und 5=Markstücke gehen sonach auf 1 Pfd. (500 gr.) legirten Goldes? Was wiegt 1 Zwanzig=, 1 Zehn=, und 1 Fünfmarkstück? Wie viel Stück von jeder dieser 3 Münzsorten lassen sich aus 1 Ztr. legirten Goldes prägen? Was wog die französische Kriegsentschädigung zu 4 Millard Mark?

3. Das Mischungsverhältniß bei den Silbermünzen ist dasselbe, wie bei dem Goldgelde. Das feine Silber in 100 Mk. wiegt 500 gr.; was wiegen 100 Mk. mit Legirung, was 1, 2, 5, ½, ⅕ Mk.?

4. 1 Pfd. Silbermünzen = 90 Mk., 1 Pfd. Goldmünzen = 1255,5 Mk. Wie vielmal ist also das Gold mehr werth, als das Silber?

5. Auf den Kopf der Bevölkerung sind 10 Mk. Silbermünzen und 2½ Mk. Kupfer= und Nickelmünzen gerechnet. Was trifft also von beiden Münzgattungen auf die Stadt München mit ca. 170000 Einwohner, was auf ganz Bayern mit 4'850,000 Einwohnern?

6. Ein Kassier, der die Monatsgehalte von 27 Beamten aus= zuzahlen und diese in Gold zu leisten hat, möchte dabei auch einen Vorrath von Silbermünzen und von Nickel= und Kupfermünzen um= setzen. Nun darf er jedem nur 20 Mark in Silber und 1 Mark in Nickel und Kupfer geben. Wie viel von diesen Münzen bringt er weg?

7. Nach dem Münzvertrage vom 24. Jan. 1857 wurden aus 1 Pfd. fein Silber 30 Vereinsthaler oder 52½ fl. oder 45 österr. Gulden ausgebracht. Wie viele Gramm feines Silber enthalten sonach a) 1 Thaler, b) 7 südd. fl., c) 1 österr. fl.? Was wiegen dagegen a) 3 Mk., b) 12 Mk., c) 2 Mk. der neuen Münzordnung? Um wie viel sind a) 3 Mk. leichter als 1 Thlr., b) 12 Mk. leich= ter als 7 fl., c) 2 Mk. leichter als 1 österr. fl.

8. Die bei uns außer Umlauf gesetzten österreichischen und holländischen Gulden werden nur nach ihrem Silberwerthe ange= nommen. Das Pfd. fein Silber kostet zur Zeit 86 Mk. 30 Pfg. Was gilt sonach a) 1 österr. fl., deren 45 Stück, b) ein holl. fl., deren 52,91 Stück auf 1 Pf. f. S. gehen? Um wie viel sind beide im Werthe gesunken, wenn der Nennwerth für 1 österr. fl. = 1 fl. 10 kr. und für 1 holl. fl. = 59 kr. ist? Was ist 1 Frank werth, deren 111⅑ Stück 1 Pfd. f. S. wiegen?

9. 1 Pfd. f. Gold = 1395 Mk. == 86,11 Zwanzigfrankstücke = 68,413 Sovereigns = 82,89 Friedrichsd'or. Was gilt also a) 1 Zwanzigfrankstück, b) 1 Sovereign, c) 1 Friedrichsd'or, wenn sie nach dem Goldgehalte angenommen werden?

10. Statt 2 kr. zahlt man jetzt 6 Rpfg.; 2 kr. sind genau 5⁵⁄₇ Rpfg. Wenn nun Jemand zum Frühstück täglich ein 2 Kreu= zerbrot ißt, was muß er in 1 Jahr nach der neuen Währung mehr zahlen als bisher?

17. 1 Tasse Kaffee kostet 6 kr., das sind rund 17 Rpfg., genau 17⅐ Rpfg. Was hat nun der in 1 Jahre weniger zu zahlen, welcher täglich 1 Tasse Kaffee trinkt?

Anhang.

Verhältniß der deutschen Reichsmünzen zu den wichtigsten außerdeutschen Münzen.

Um das genaue Verhältniß unserer deutschen Reichsmünzen zu den außerdeutschen und umgekehrt zu bestimmen, muß man berechnen, wie viel Stück der Letzteren auf ein Pfund (½ Kgr.) Feingold oder Feinsilber gehen. Sodann wird der Münzwerth eines solchen Stückes im Verhältniß zu 1395 Mark auf 1 Pfund Feingold und 90 Mark Gold*) auf 1 Pfund Feinsilber bestimmt. Im Verkehre werden solche Münzen übrigens dem Course unterliegen und mithin bald höher, bald niedriger stehen; ja, der Bundesrath kann sogar nach Art. 13 des Münzgesetzes vom 9. Juli 1873 solche Münzen gänzlich aus dem Verkehre verweisen oder wenigstens sie tarifiren.

Zu den wichtigsten außerdeutschen Münzwährungen gehören: 1. die Franken-, 2. die österreichische, 3. die englische und 4. die nordamerikanische Währung.

1. Frankenwährung.

In Frankreich, in der Schweiz, in Belgien, in Italien und seit 1871 in Spanien wird nach Franks = 100 Centimes gerechnet. Aus einem Pfund Feingold (½ Kgr.) werden 86,111 Zwanzig-Franksstücke geprägt. Also ist das Zwanzig-Franksstück = 1395 Mark : 86,111 = 16,20 Mark.

Hiernach ist:

$$1 \text{ frc.} = \frac{16{,}20}{20} \text{ oder } 0{,}81 \text{ Mark.}$$

$$1 \text{ centime} = \frac{81}{100} \text{ oder } 0{,}81 \text{ Pfennig.}$$

---

*) Das Verhältniß von 90 Mk. Gold für 1 Pfd. Feinsilber entspricht dem Verhältniß des Goldes zu Silber, wie solches den deutschen Münzgesetzen zu Grunde liegt (15½ : 1). Auch die älteren deutschen Silbermünzen sind in Art. 14, § 2 des Münzgesetzes vom 9. Juli 1873 nach obigem Satze tarifirt. Dagegen werden aus 1 Pfd. Feinsilber 100 Silbermark (Scheidemünze) geprägt, was von der Umrechnung fremder Silbermünzen wohl zu unterscheiden ist.

Umgekehrt ist:

$$1 \text{ Mark} = \frac{20}{16,2} \text{ oder } 1,23456 \text{ frc. } (1 \text{ frc. } 23,456 \text{ cent.})$$

$$1 \text{ Pfennig} = \frac{123,456}{100} \text{ oder } 1,23456 \text{ centimes.}$$

In Elsaß-Lothringen ist jedoch der Frank seit dem 8. November 1870 zu 8 Sgr., dagegen der Thaler zu 3 frcs. 75 cents. tarifirt. Da nun der Thaler = 3 Mark, so ist 1 Mark (⅓ Thlr.) = 3 frc. 25 cent. und 1 frc. = 80 Pfennige. Daraus ergeben sich folgende bequeme Verhältnißzahlen:

    4 Mark und Pfennige = 5 frcs. und centimes.

Und umgekehrt.

Die Umrechnung ist sehr einfach.

    1. Beispiel. 120 Mark zu frcs. und 200 frcs. zu Mark.
120 = 30 × 4;   200 = 40 × 5;
30 × 5 = 150 frcs.   40 × 4 = 160 Mark.

    2. Beisp. 84 Pfennig zu centimes und 90 ctms. zu Pfennig.
84 = 21 × 4;   90 = 18 × 5;
21 × 5 = 105 ctm. = 1 frcs. 5 ctms.   18 × 4 = 72 Pfg.

    1. Wie viele Mk. sind: a) 75, b) 135, c) 250, d) 300, e) 105, f) 615 frcs.

    2. Wie viele Franken sind: a) 16, b) 52, c) 108, d) 260, e) 324, f) 404 Mark?

    3. Wie viele Pfennige sind: a) 15, b) 20, c) 35, d) 60, e) 75, f) 95 centimes?

    4. Wie viele Centimes sind: a) 12, b) 24, c) 40, d) 52, e) 76, f) 92 Rpfg.?

    5. Wie viel sind in Reichswährung: a) 40 frcs. 25 ctms. b) 65 frcs. 50 ctms. c) 100 frcs. 80 ctms.?

    6. Wie viel sind in Frankenwährung (tarifirt): a) 20 Mk. 28 Rpfg., b) 64 Mk. 80 Rpfg., c) 100 Mk. 96 Rpfg.?

Beträge unter 4 Mk. oder Rpfg., also 1, 2, 3 Mk. oder Rpfg. sind ebensovielmal 1,25 frcs. oder ctms. — Beträge unter 5 frcs., also 1, 2, 3 frcs. oder ctms. sind ebensovielmal 0,80 Mk. oder Rpfg.

    1 Mk. = 1,25 frcs. = 1 frc. 25 ctms.
    2 „   = 2,50 „   = 2 „ 50 „
    3 „   = 3,75 „   = 3 „ 75 „
    1 Rpfg. = 1,25 ctms.
    2 „   = 2,50 „
    3 „   = 3,75 „

1 frc. = 0,80 Mt. = 0 Mt. 80 Rpfg.
2 „ = 1,60 „ = 1 „ 60 „
3 „ = 2,40 „ = 2 „ 40 „
4 „ = 3,20 „ = 3 „ 20 „

1 ctm. = 0,8 Rpfg.
2 „ = 1,6 „
3 „ = 2,4 „
4 „ = 3,2 „

1. Wie viel sind in Reichswährung: a) 17 frcs. 40 ctms.,
b) 45 frcs. 39 ctms., c) 81 frcs. 46 ctms.?

2. Wie viel sind in Frankenwährung: a) 37 Mt. 60 Rpfg.,
b) 68 Mt. 83 Rpfg., c) 111 Mt. 55 Rpfg.?

Anm. Für die schriftliche Berechnung gibt es auch folgendes
Verfahren:

A. 1 Mt. = 1,25 oder 1 + ¼ frcs.
1 Rpfg. = 1,25 „ 1 + ¼ ctms.

Wir nehmen also die Mark- oder Pfennigzahl als Franks-
oder Centimeszahl und zählen den vierten Theil derselben dazu.
Sind Mark und Pfennig zugleich zu verwandeln, so schreiben wir
beides als Mark in Dezimalbruchform.

1. Beispiel. 633 Mark zu Frks. = 633 frcs.
$$+ \frac{633}{4} = \frac{+ 158,25 \;„}{791,25 \text{ frcs.}}$$

2. Beispiel. 87 Rpfg. zu Centimes = 87 ctms.
$$+ \frac{87}{4} = \frac{+ 21,75 \;„}{108,75 \text{ ctms.}} = 1 \text{ frc. } 8,75 \text{ ctms.}$$

3. Beispiel. 2317 Mt. 31 Pfg. zu Franken:
2317,31 Mt. = 2317,31 frcs.
$$+ \frac{2317,31}{4} = \frac{+ 579,3275}{2996,6375 \text{ frcs.}} = 2996 \text{ frcs. } 63,75 \text{ ctms.}$$

Wie viel sind nach Frankenwährung: a) 6378 Mt., b) 73 Rpfg.,
c) 17340 Mt. 7 Rpfg.?

B. 1 frcs. = 1 Mt. — ⅕ Mt. (100 Pfg. — 20 Pfg. = 80 Pfg.)
1 ctm. = 1 Pfg. — ⅕ Pfg. (1 Pfg. — 0,20 Pfg. = 0,80 Pfg.)

Wir nehmen also die Franks- oder Centimes-Zahl als Mark-
oder Pfennig-Zahl und ziehen den fünften Theil davon ab. Ge-
mischte Benennung schreiben wir als frcs. in Dezimalbruchform an.

1. Beispiel. 871 frcs. zu Mk. = 871   Mk.
               -- 871   = --   174,20   „
               ——————   ———————————————
                  5   696,80 Mk. =
                               696 Mk. 80 Pfg.

2. Beispiel. 93 ctms. zu Npfg. = 93 Pfg.
               — 93   = --   18,6   „
               ——————   ———————————————
                  5   74,4 Pfg.

3. Beisp. 4537 frcs. 9 ctms. zu Mk. :
            4537,09 frcs. =   4537,09 Mk.
           — 4537,09 „   = — 907,418   „
           ———————————   ————————————————————————
                5   3629,672 Mk. ==3629 Mk. 67,2 Pfg.

Wie viel sind in Reichswährung: a) 5 Milliarden frcs.,
b) 76 ctms., c) 30717 frcs. 3 ctms.?

2. Oesterreichische Währung.

Der österreichische Silbergulden wird nach demselben Münzfuße
wie der Thaler ausgeprägt.   (Münzkonvention 1857.)
    30 Thlr. = 45 österr. Gulden à 100 Neukreuzer.
    1   „   = 1 1/2 „   „   (3/2)
    1/3 „ oder 1 Mk. = 1/2 österr. fl.
             1 Pfg. = 50/800 = 1/2 Neukreuzer.

Sowohl für die mündliche wie für die schriftliche Berechnung
genügt hier der Satz, daß Mark und Pfennig die Hälfte soviel
österr. Gulden und Neukreuzer und letztere beide Münzsorten noch
einmal soviel Mark und Pfennig geben.

Bei gemischten Benennungen empfiehlt sich das Vorstellen oder
Schreiben in Dezimalbruchform.

1. Beispiel. 193 Mark in österr. Gulden:
$$\frac{193}{2} = 96{,}50 \text{ österr. fl.} = 96 \text{ fl. } 50 \text{ Nkrz.}$$

2. Beisp. 217 österr. fl. in Mk. :
$$217 \times 2 = 434 \text{ Mk.}$$

3. Beisp. 603 Mk. 67 Pfg. in österr. fl.:
$$\frac{603{,}67}{2} = 301{,}835 \text{ österr. fl.} = 301 \text{ fl. } 83{,}5 \text{ Nkrz.}$$

4. Beisp. 1640 österr. fl. 8 Nkrz. zu Mk. :
1640,08 × 2 == 3280,16 Mk. = 3280 Mk. 16 Pfg.

1. Wie viel sind in österr. Währung: a) 7109 Mk., b) 71 Pfg.,
c) 29607 Mk. 81 Pfg.?

2. Wie viel sind in Reichswährung: a) 5449 österr. fl., b) 77 Nkrz., c) 6708 österr. fl. 7 Nkrz.?

Der österreichische Silbergulden unterliegt jedoch dem Course; deshalb ist bei allen geschäftlichen Berechnungen der jeweilige Cours schließlich maßgebend. Oesterreich prägt ferners seit dem 9. März 1870 auch goldene 8= und 4=Guldenstücke, welche mit den französischen 20= und 10=Frankstücken übereinstimmen. (S. Frankenwährung.)

3. Englische Währung.

England rechnet nach Pfund Sterlingen oder Sovereigns à 20 Schillingen à 12 Pence. Aus 1 Pfund Feingold werden 68,28 Sovereigns geprägt, dieselben sind sonach = 1395 Mk.

$$1 \text{ Sovereign oder Pfund ist also} = \frac{1395}{68,28} = 20,4306 \text{ Mk.}$$
$$= 20 \text{ Mk. 43 Pfg.}$$

$$1 \text{ Schilling ist dann} = \frac{20,43}{20} = 1,0215 \text{ Mk.} = 1 \text{ Mk. 2 Pfg.}$$

$$1 \text{ Pence ist} = \frac{102}{12} = 8,51 \text{ Pfg.}$$

Die Mark kommt dem englischen Schilling am nächsten und beide können im kleineren Verkehre als gleichwerthig für einander genommen werden. Da jedoch 1 Schilling genau 1,0215 Mk. ist, so ist 1 Mk. $= \dfrac{1}{1,0215} = 0,9789$ Schilling oder $0,9789 \times 12$ $= 11,747$ Pence.

$$1 \text{ Pfennig ist dann} = \frac{11,747}{100} = 0,11747 \text{ Pence.}$$

Für die Umrechnung lassen sich bei dieser Währung ohne Tarifirung keine genauen und zugleich bequemen Verhältnißzahlen finden, auch dürfte sich die Umrechnung auf das schriftliche Verfahren beschränken, zu welchem Zwecke nachstehende Tabellen ausreichen werden.

4. Nordamerikanische Währung.

Nordamerika rechnet nach Dollar à 100 Cents. Da aus 1 Pfund Feingold 232,35 Dollars geprägt werden und 1 Pfd. Feingold = 1395 Mk., so ist 1 Dollar $= \dfrac{1395}{332,35} = 4,19738$ Mk. $= 4$ Mk. 19,738 Pfg., also rund 4 Mk. 20 Pfg.

$$1 \text{ Cent } = \frac{419{,}738}{100} = 4{,}19738 \text{ Pfennige.}$$

$$1 \text{ Mk. ist } = \frac{332{,}35}{1395} = 0{,}238244 \text{ Doll.} = 23{,}8244 \text{ Cents.}$$

$$1 \text{ Pfg. ist } = \frac{23{,}8244}{100} = 0{,}238244 \text{ Cents.}$$

Auch hier kann sich wie bei der englischen Währung die Um=
rechnung auf den Gebrauch nachstehender Tabellen beschränken, bei
denen das Dezimalsystem durchgängig Geltung hat.

Die nachfolgenden Tabellen enthalten stets die Einer, Zehner,
Hunderter oder Tausender einer Münzsorte umgerechnet in eine an=
bere Währung. Man zerlegt sich daher die zu rebuzirende Summe
in die in der Tabelle enthaltenen Zahlen und zählt die rebuzirten
Beträge derselben zusammen. Wo die Währung, in welche umge=
rechnet wird, eine bezimale Theilung hat, wie z. B. die deutsche
und norbamerikanische, sind nur die Einer und Hunderter rebuzirt,
weil sich die zehnfachen Beträge leicht durch Versetzung des Kommas
um eine Stelle rechts finden lassen. Man darf bei Benützung der
Tabellen nicht vergessen, daß je 12 Pence = 1 Schilling, je 20
Schilling = 1 Pfd., je 100 Pfg. = 1 Mark und je 100 Cents
= 1 Dollar sind.

Tabelle A.

Deutsche Währung reduzirt in die englische Währung.

Deutsch	Englisch			Deutsch	Englisch		
Pfennig	Pfund	Schilling	Pence	Mark	Pfund	Schilling	Pence
1	—	—	0,117	100	4	17	10,70
2	—	—	0,234	200	9	15	9,40
3	—	—	0,351	300	14	13	8,10
4	—	—	0,468	400	19	11	6,80
5	—	—	0,585	500	24	9	5,50
6	—	—	0,702	600	29	7	4,20
7	—	—	0,819	700	34	5	2,90
8	—	—	0,936	800	39	3	1,60
9	—	—	1,053	900	44	1	0,30
10	—	—	1,174	1000	48	18	11
				2000	97	17	10
Mark				3000	146	16	9
				4000	195	15	8
1	—	—	11,747	5000	244	14	7
2	—	1	11,494	6000	293	13	6
3	—	2	11,241	7000	342	12	5
4	—	3	10,988	8000	391	11	4
5	—	4	10,735	9000	440	10	3
6	—	5	10,482	10000	489	9	2
7	—	6	10,229	20000	978	18	4
8	—	7	9,976	30000	1468	7	6
9	—	8	9,723	40000	1957	16	8
10	—	9	9,47	50000	2447	5	10
20	—	19	6,94	60000	2936	15	—
30	1	9	4,41	70000	3426	4	2
40	1	19	1,88	80000	3915	13	4
50	2	8	11,35	90000	4405	2	6
60	2	18	8,82	100000	4894	11	8
70	3	8	6,29				
80	3	18	3,76				
90	4	8	1,23				

I. Beispiel.

630 Mk. = ? Pfd. engl.

600 Mk. = 29 Pfd. 7 Sch. 42 P.
 30 „ = 1   „   9 „ 44 „
_____
         30 Pfd. 16 Sch. 6 P.

II. Beispiel.

63 Pfg. = ? in engl. Währung.

60 Pfg. = 7,02 Pence
 3 „   = 0,351 „
_____
          7,371 Pence.

III. Beispiel.

50931 Mk. 87 Pfg. = ? engl. W.

50000 Mk. = 2447 Pfd. 5 Sch. 10   Pence
  900 „ =   44 „   1 „ 0,30 „
   30 „ =   1 „   9 „ 4,4   „
    1 „ =   — „   — „ 11,7 „
   80 Pfg. =   — „   — „ 9,3   „
    7 „ =   — „   — „ 0,8   „
_____
          2492 Pfd. 18 Sch. 36,5 = 3 Sch.
                            _____
                              12
                            _____
                            0,5 Pence

2492 Pfd. 18 Sch. 0,5 Pence.

IV. Beispiel.

30117 Mk. 10 Pfg. = ? Pfd. engl. W.

30000 Mk. = 1468 Pfd. 7 Sch. 6   P.
  100 „ =   4 „ 17 „ 10,7 „
   10 „ =   — „   9 „ 9,4   „
    7 „ =   — „   6 „ 10,2 „
   10 Pfg. =   — „   — „ 1,1   „
_____
          1474 Pfd. 42 Sch. 37,4 P.
                    ____   ____
                     20   12
                    ____   ____
                     2   1,4 „

1474 Pfd. 2 Sch. 1,4 Pence.

Was betragen in englischer Währung: a) 16 Mk. 37 Pfg.,
b) 607212 Mk. 9 Pf., c) 911 Mk. 38 Pfg.?

Tabelle B.

Englische Währung reduzirt in deutsche Währung.

Englisch		Deutsch		Englisch	Deutsch	
Schilling	Pence	Mark	Pfennig	Pfund	Mark	Pfennig
—	1	—	8,51	1	20	43,06
—	2	—	17,03	2	40	86,12
—	3	—	25,54	3	61	29,17
—.	4	—	34,05	4	81	72,23
—	5	—	42,56	5	102	15,29
—	6	—	51,08	6	122	58,35
—	7	—	59,59	7	143	01,41
—	8	—	68,10	8	163	44,46
—	9	—	76,61	9	183	87,52
—	10	—	85,13	10	204	30,58
—	11	—	93,64	100	2043	05,80
1	—	1	02,15	200	4086	11,60
2	—	2	04,31	300	6129	17,40
3	—	3	06,46	400	8172	23,20
4	—	4	08,61	500	10215	29
5	—	5	10,76	600	12258	34,80
6	—	6	12,92	700	14301	40,60
7	—	7	15,07	800	16344	46,40
8	-	8	17,22	900	18387	52,20
9	—	9	19,38	1000	20430	58
10	—	10	21,53	10000	204305	79,97

I. Beispiel.

16 Sch. 9 Pence = ? Mk. u. Pfg.

$$10 \text{ Sch.} = 10 \text{ Mk. } 21{,}5 \text{ Pfg.}$$
$$6 \quad „ \quad = \quad 6 \quad „ \quad 12{,}92 \quad „$$
$$\underline{9 \text{ Pence} = \quad — \quad „ \quad 76{,}61 \quad „}$$
$$17 \text{ Mk. } 11{,}03 \text{ Pfg.}$$

II. Beispiel.

84 Pfd. 9 Sch. = ? Mk. u. Pfg.

80 Pfd.	=	1634	Mk.	44,6 Pfg.
4 „	=	81	„	72,23 „
9 Sch.	=	9	„	19,38 „
		1715	Mk.	36,21 Pfg.

III. Beispiel.

927 Pfd. 12 Sch. 4 Pence = ? Mk.

900 Pfd.	=	18387	Mk.	52,20 Pfg.
20 „	=	408	„	61,2 „
7 „	=	143	„	1,41 „
10 Sch.	=	10	„	21,53 „
2 „	=	2	„	4,31 „
4 Pence	=	—	„	34,05 „
		18951	Mk.	74,70 Pfg.

Was betragen in deutscher Währung: a) 12 Schill. 6 Pence, b) 6703 Pfd. 11 Pence, c) 9007 Pfd. 10 Pence, d) 6345 Pfd. 11 Sch. 7 Pence?

Tabelle C.

Deutsche Währung reduzirt in nordamerikanische Währung.

Deutsch	Nord-Amerika		Deutsch	Nord-Amerika	
Pfennig	Dollar	Cents	Mark	Dollar	Cents
1	—	0,24	7	1	66,7708
2	—	0,48	8	1	90,5952
3	—	0,71	9	2	14,4296
4	—	0,95	10	2	38,2440
5	—	1,19	1000	238	24,40
6	—	1,43	2000	476	48,80
7	—	1,67	3000	714	73,20
8	—	1,91	4000	952	97,60
9	—	2,14	5000	1191	22
Mark			6000	1429	46
			7000	1667	70,80
			8000	1905	95,20
1	—	23,8244	9000	2144	19,60
2	—	47,6488	10000	2382	44
3	—	71,4732	100000	23824	40
4	—	95,2976			
5	1	19,1220			
6	1	42,9464			

I. Beispiel.

77 Pfg. = ? Cents.

70 Pfg. = 16,7 Cts.
7 „ = 1,67 „
18,37 Cents.

II. Beispiel.

730 Mk. 18 Pfg. = ? Dollar

700 Mk. = 166 D. 77,08 C.
30 „ = 7 „ 14,73 „
10 Pfg. = — „ 2,4 „
8 „ = — „ 1,91 „
173 D. 96,12 C.

III. Beispiel.

9056 Mk. = ? Dollars

9000 Mk. = 2144 Dllrs. 19,60 Cts.
50 „ = 11 „ 91,2 „
6 „ = 1 „ 42,94 „
2157 Dllrs. 53,74 Cts.

Was betragen in nordamerikanischer Währung: a) 85 Mk. 89 Pfg., b) 71308 Mk. 61 Pfg., c) 369800 Mk. 7 Pfg.?

Tabelle D.

Nordamerikanische Währung reduzirt in deutsche Währung.

Nord-Amerika Cents	Deutsch Mark	Deutsch Pfennig	Nord-Amerika Dollar	Deutsch Mark	Deutsch Pfennig
1	—	4,20	7	29	38,167
2	—	8,39	8	33	57,905
3	—	12,59	9	37	77,644
4	—	16,79	10	41	97,382
5	—	20,99	1000	4197	38,23
6	—	25,18	2000	8394	76,46
7	—	29,38	3000	12592	14,69
8	—	33,58	4000	16789	52,92
9	—	37,78	5000	20986	91,15
Dollar			6000	25184	29,38
			7000	29381	67,61
			8000	33579	05,84
1	4	19,738	9000	37776	44,07
2	8	39,476	10000	41973	82,3
3	12	59,214	100000	419738	23
4	16	78,952			
5	20	98,691			
6	25	18,429			

I. Beispiel.

87 Cts. = ? Mk.

80 Cts. = 3 Mk. 35,8 Pfg.
7 „ = — „ 29,38 „
3 Mk. 65,18 Pfg.

II. Beispiel.

390 Dollars = ? Mark

300 D. = 1259 Mk. 21,4 Pfg.
90 „ = 377 „ 76,4 „
1636 Mk. 97,8 Pfg.

III. Beispiel.

7382 Dllrs. 38 Cts. = ? Mk.

7000 Dllrs. = 29381 Mk. 67,6 Pfg.
300 „ = 1259 „ 21,4 „
80 „ = 335 „ 79,0 „
2 „ = 8 „ 39,4 „
30 Cts. = 1 „ 25,9 „
8 „ = — „ 33,5 „
30986 Mk. 66,8 Pfg.

Was betragen in deutscher Währung: a) 721 Dllrs. 76 Cts., b) 30000 Dllrs. 19 Cts., c) 117604 Dllrs. 67 Cts.?